商业建筑

下

曾江河 编

天津大学出版社
TIANJIN UNIVERSITY PRESS

图书在版编目（CIP）数据

商业建筑（上、下） / 曾江河编. — 天津：
天津大学出版社,2013.4
ISBN 978-7-5618-4532-5

Ⅰ．①商··· Ⅱ．①曾··· Ⅲ．①商业－服务建筑－建筑
设计－世界－图集 Ⅳ．①TU247-64

中国版本图书馆CIP数据核字(2012)第316843号

总 编 辑：上海颂春文化传播有限公司
美术编辑：王丹凤
责任编辑：郝永丽

出版发行 天津大学出版社
出 版 人 杨欢
地　　址 天津市卫津路92号天津大学内（邮编：300072）
电　　话 发行部：022—27403647　　　邮购部：022—27402742
网　　址 www.tjup.com
印　　刷 上海锦良印刷厂
经　　销 全国各地新华书店
开　　本 230mm×300mm
印　　张 35
字　　数 448千
版　　次 2013年4月第1版
印　　次 2013年4月第1次
定　　价 596.00元（上、下册）

目录

商业建筑（下）

中国黄金

设计单位：晶奈国际设计机构(美国)（GID）
用地面积：8 666 m²
建筑面积：46 930 m²
建筑密度：70%
容 积 率：4.97
绿 化 率：28%

项目由三栋高层办公楼和商业裙房组成，高层分别为14层的主楼和7层的副楼。建筑通过倾斜板块组合形成高与低、虚与实、正向与斜向的对比，形成"山峰"的意向，带有强烈的标志性。

通过三块雕塑感很强的板块组成高低错落的"山峰"，形成了"中金之峰"的主题，寓意"科技之峰"、"文化之峰"、"绿色之峰"。

三栋办公楼既满足集团内部不同的企业需求，同时共享平台的产生使私密与公共之间达到平衡。

南高北低的体形与南侧的高大建筑有一个呼应与过渡，使东侧高楼不会产生对基地建筑的压迫感，同时又最大限度地满足了沿江景观面的需要，形成了高低转合的丰富韵律。

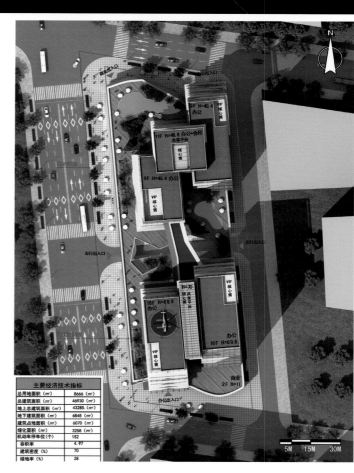

主要经济技术指标	
总用地面积（m²）	8666
总建筑面积（m²）	46930
地上总建筑面积（m²）	43285
地下建筑面积（m²）	6845
建筑占地面积（m²）	6070
绿化面积（m²）	3258
机动车停车位（个）	152
容积率	4.97
建筑密度（%）	70
绿地率（%）	28

5M 15M 30M

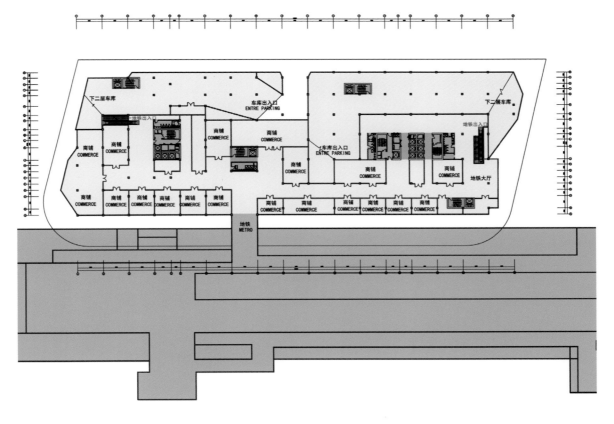

地下一层平面图

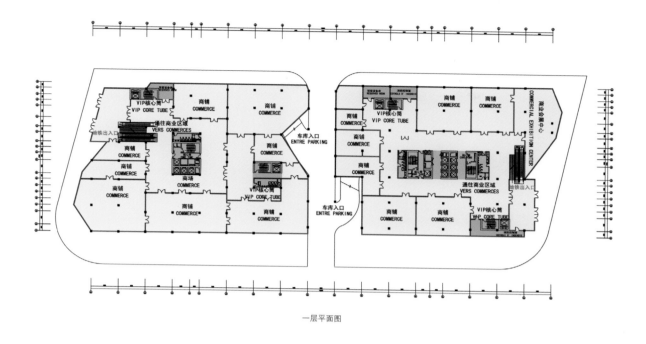

一层平面图

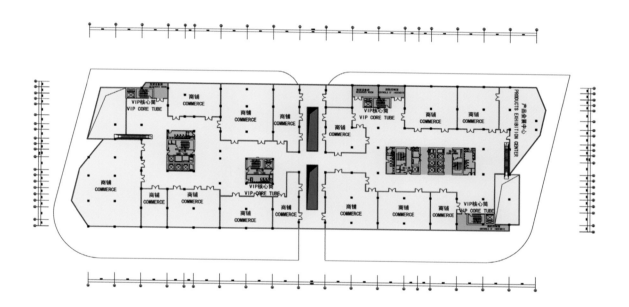

二层平面图

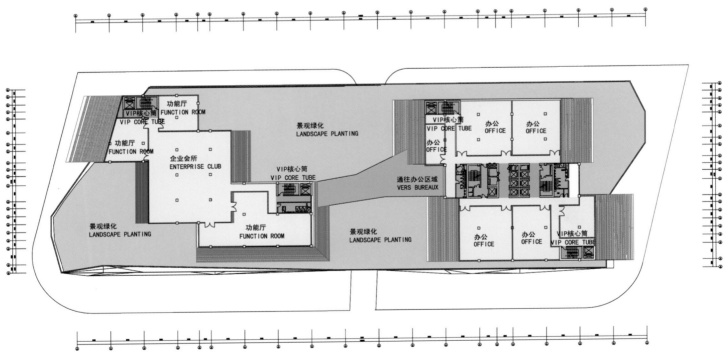

顶层平面图

中金嘉定

项目地点：上海市
设计单位：晶奈国际设计机构(美国)（GID）
项目总监：王建
设 计 师：齐善华　陈世海　黄逸君
用地面积：43 247.78 m²
建筑面积：141 100 m²

　　项目地块南邻双丁路，北临陈安路，东临德富路，西邻永安路。方案灵感来源于金元宝，通过建筑的露台叠退形成的建筑形态，如同坐落于地块上的金元宝，突出了建筑形象，加深了建筑的可识别性以及内部空间的舒适性。

　　项目的规划旨在极大地丰富和集聚商务区的社会功能和文化功能，对商务区的规划建设产生深远影响。

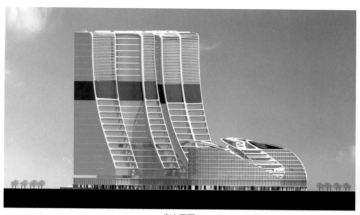

东立面图

南立面图

西立面图

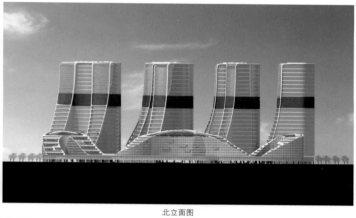

北立面图

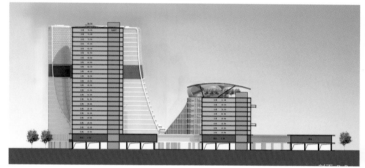

剖面图1

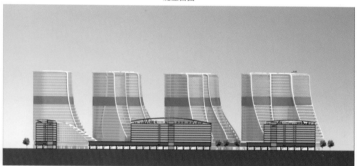

剖面图2

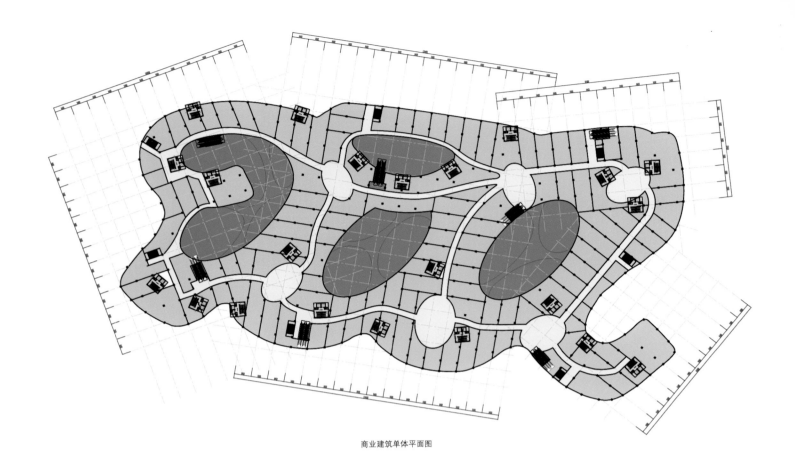

商业建筑单体平面图

空中花园

酒店式公寓

公寓式办公

空中会所

酒店式公寓

纵向功能分析

办公

商业交易

娱乐 停车

横向功能

黄金交易

黄金加工

黄金生产

销售

多功能

办公

办公

办公

弧形方案分析图

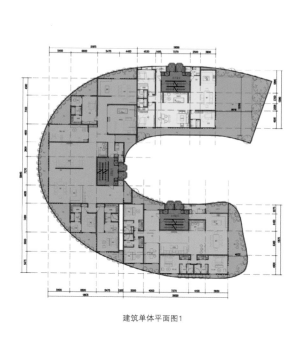

建筑单体平面图1

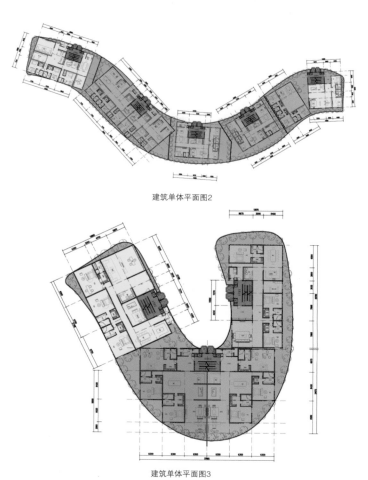

建筑单体平面图2

建筑单体平面图3

成都西部国际金融中心

项目地点：成都市
业　　主：成都泰兴建设管理有限责任公司
设计单位：上海汉米敦建筑设计有限公司
用地面积：16 438 m²
建筑面积：294 000 m²

　　成都西部国际金融中心地处成都市中心，坐落于未来的金融街——东大街上。建成后，将成为市中心新的地标建筑。设计从分析基地的现有条件入手，在建筑形式、功能组织、室内外空间的营造上，充分融合现代建筑语言，力图在这个新地标建筑中体现技术的先进性、形象的标志性与环境的协调性。

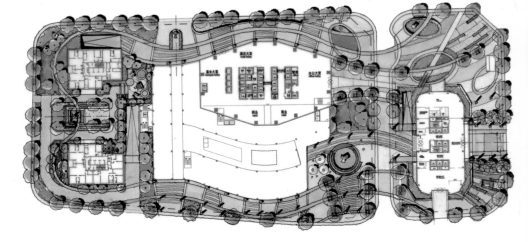

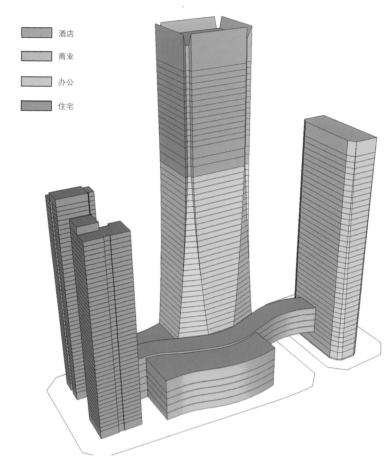

酒店
商业
办公
住宅

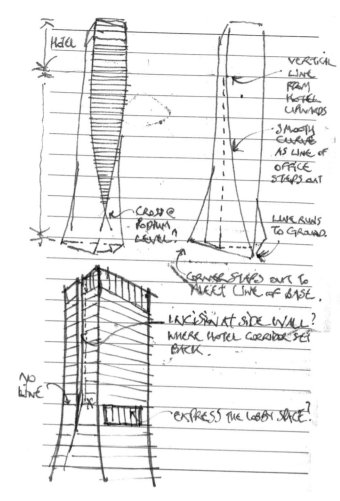

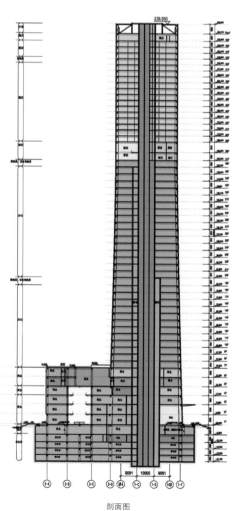

剖面图

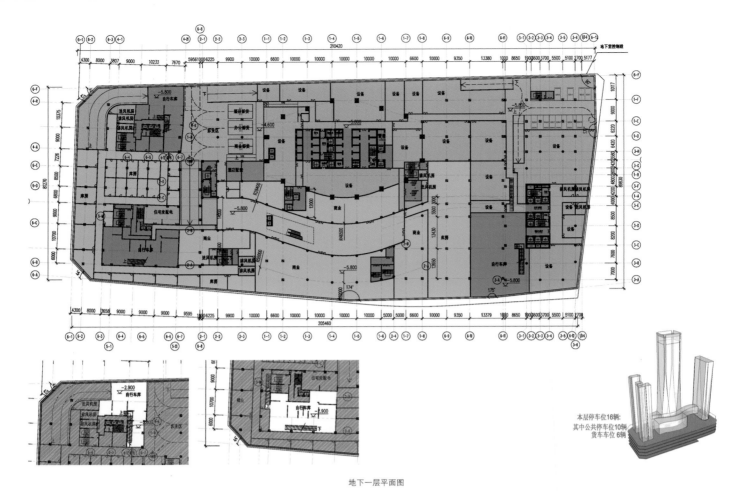

本层停车位16辆:
其中公共停车位10辆
货车车位 6辆

地下一层平面图

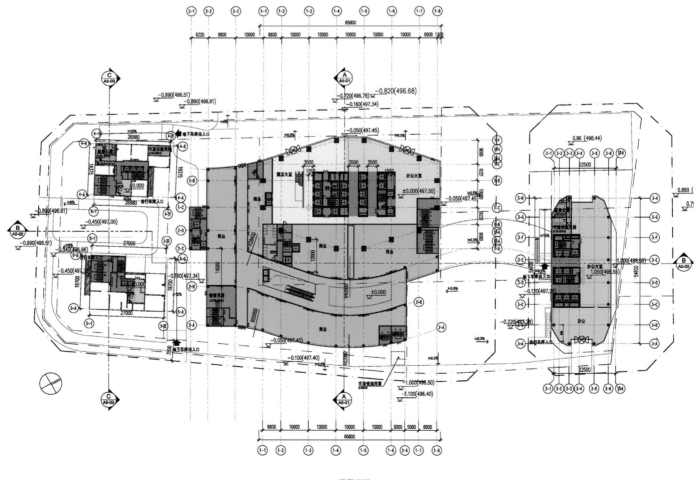

一层平面图

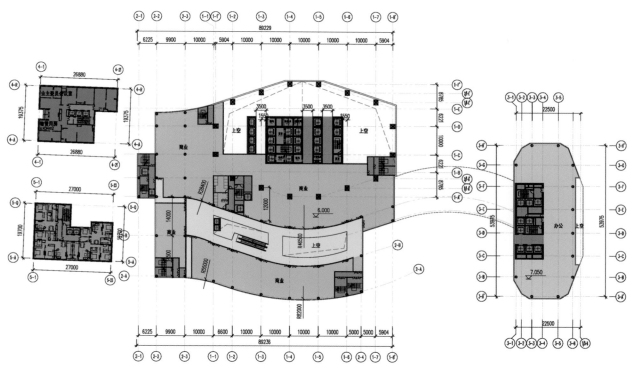

二层平面图

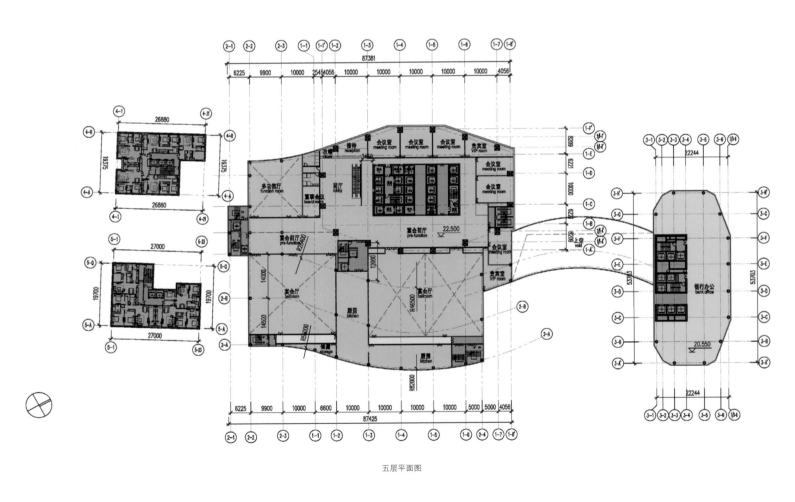

五层平面图

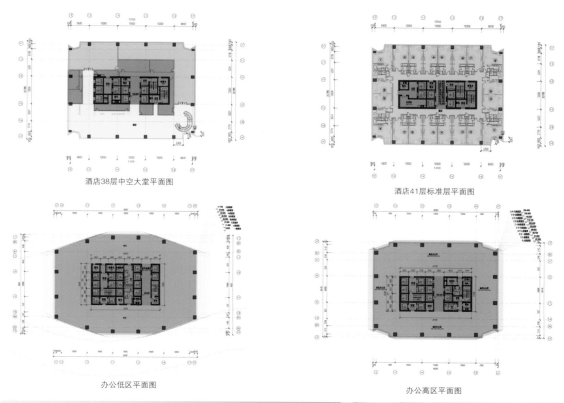

酒店38层中空大堂平面图

酒店41层标准层平面图

办公低区平面图

办公高区平面图

牡丹江镜泊小镇银座七星商业街

项目地点：宁安市
业　　主：牡丹江名震房地产开发有限公司
设计单位：上海汉米敦建筑设计有限公司
用地面积：357 133 ㎡
建筑面积：199 823 ㎡

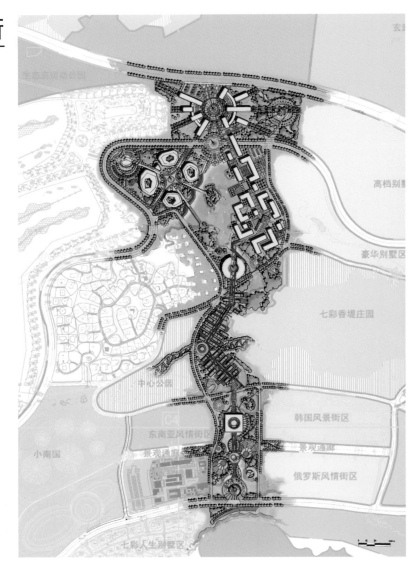

　　镜泊湖旅游综合服务区位于黑龙江省东南部宁安市境内，是国家重点风景名胜。

　　设计团队极力将镜泊小镇打造成北方地区的标志性旅游区，宛如天上北斗一样，成为浩瀚星空中最明亮的焦点。设计着力打造七个主题鲜明、业态各异的规划组团。通过一条连续的商业走廊将七个点位联系起来，组团之间互相渗透，环环相扣。游人在这里将感受到不同类型的建筑空间，享受到不同类型的业态服务。我们将在这里打造出个性的、多元的、独创的、不可复制的旅游商业环境，使其成为统领整个小镇的地标轴线。

　　建筑设计：基地周边建筑风格多样，这对主轴线的建筑风格提出了挑战。设计团队利用辩证的多样与统一的手法，在风格统一的建筑语言中融入了多样丰富的建筑空间，既强调自身轴线的完整性，又兼顾周边环境的变化。四个主要的建筑风格区由北至南分别为：现代建筑风格区、经典建筑风格区、自然建筑风格区和人性化建筑风格区。

　　景观设计：延续了七星的规划理念——七星洒落人间，围绕七个星点产生丰富多变的景观空间，结合地形地貌的高差变化创造有功能、有主题的景观。围绕银座七星的总体规划理念，结合基地特色与地形地貌，设计师运用两条轴线——时间轴线与空间轴线贯穿了整体景观设计。将这两条轴线与总体规划理念银座七星相结合，就形成了景观设计的两大维度：时间维度——代表历史与现代的延续；空间维度——代表城市与自然的融合。

A.雕塑+解构=星耀广场（天枢）

B.广场+放射=日耀广场（天璇）

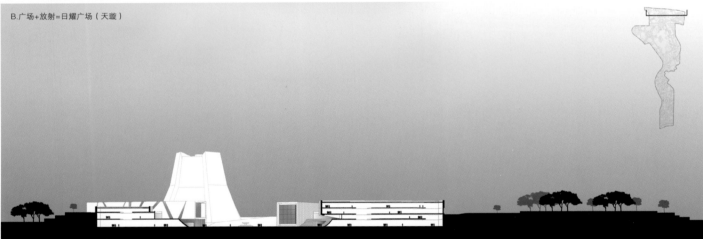

C.集市+围合=月耀广场（天玑）

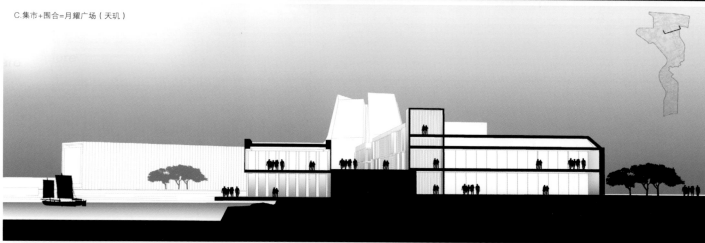

D.城堡+中点=城耀广场（天权）

E.村落+线性=花耀广场（玉衡）

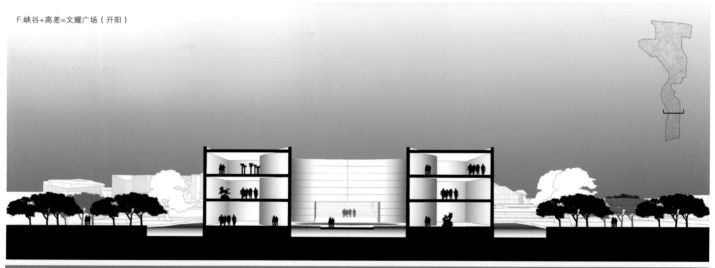

F.峡谷+高差=文耀广场（开阳）

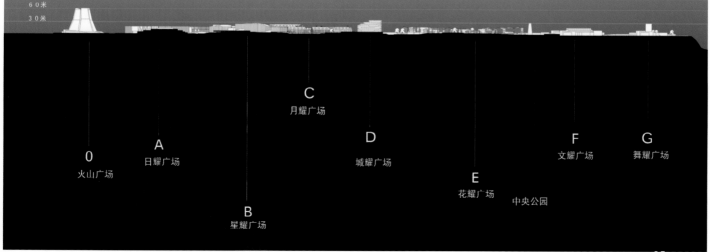

60米
30米

C
月耀广场

A
日耀广场

D
城耀广场

F
文耀广场

G
舞耀广场

0
火山广场

E
花耀广场

中央公园

B
星耀广场

成都东大街

项目地点：成都市
设计单位：上海汉米敦建筑设计有限公司
用地面积：50 801.31 m²
建筑面积：404 345 m²
容 积 率：5.53

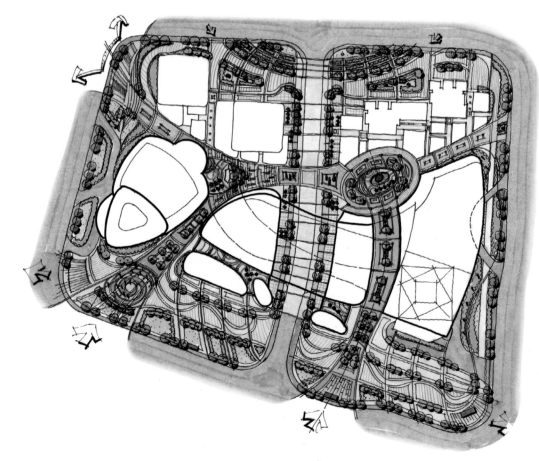

　　基地北侧紧靠成都市东大街，并且有地铁站出入口，大量的基地外来商业人流将来自地铁站。项目面对金融大街的展示面将具有较高的商业价值。

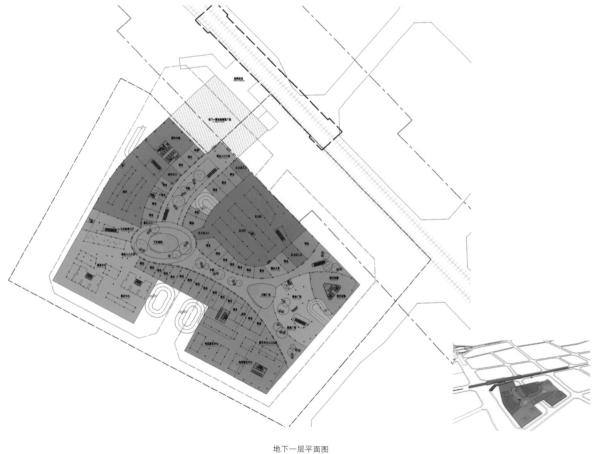

地下一层平面图

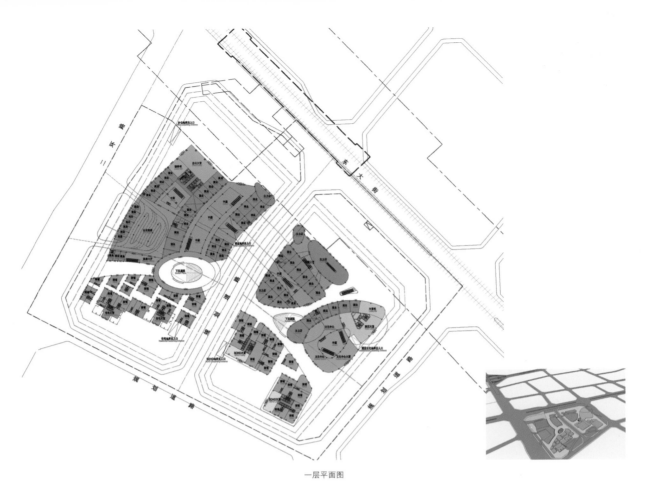

一层平面图

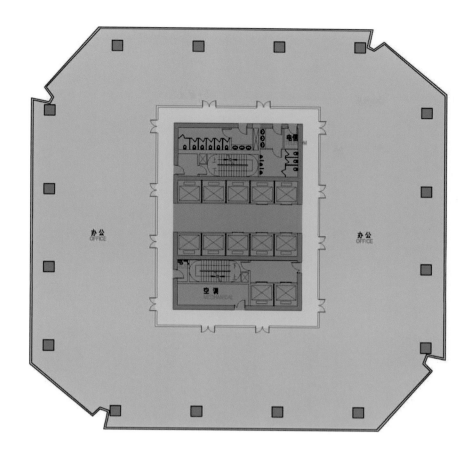

办公低区标准层平面图

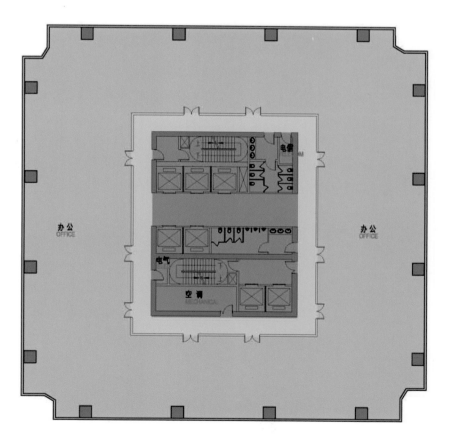

办公高区标准层平面图

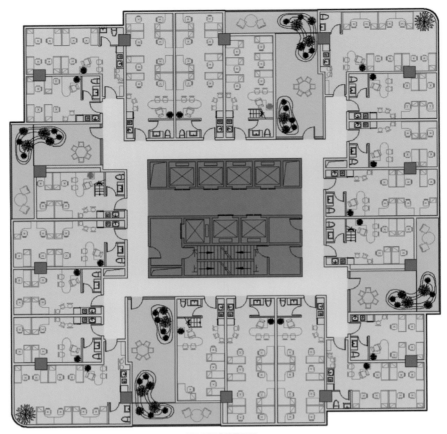

SOHO标准层平面图

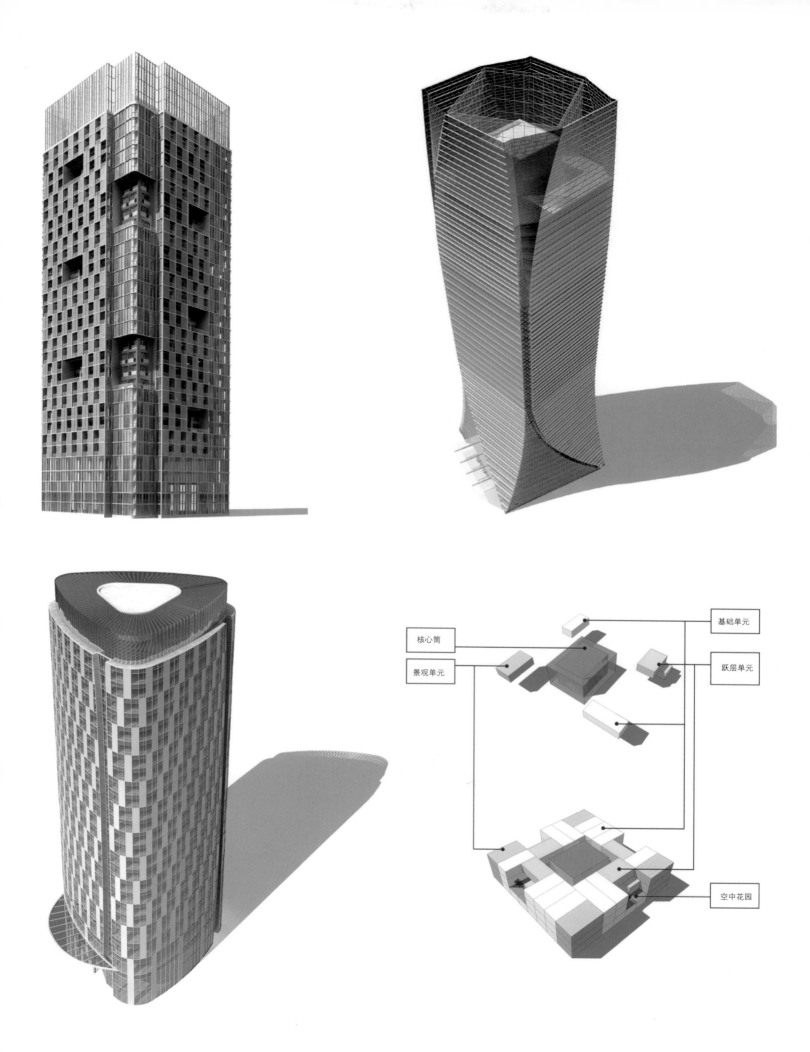

核心筒

基础单元

景观单元

跃层单元

空中花园

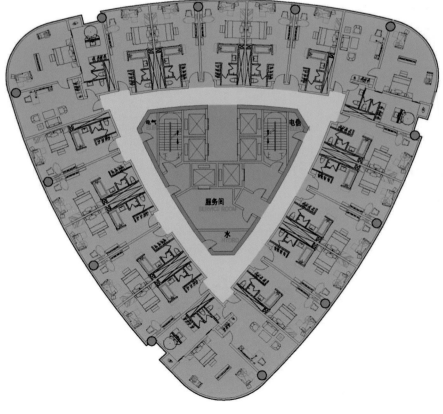

酒店标准层平面图

宝龙城市广场二期

项目地点：上海市
设计单位：上海汉米敦建筑设计有限公司
用地面积：33 489.4 m²
建筑面积：76 303 m²
容 积 率：1.50
绿 化 率：25%

　　本项目用地位于金海路与民耀路交会处西北角。南边临金海路为上海第二工业大学；西侧为外环线的城市绿带，北临创联金海花苑，东临三信国际宾馆；西距外环线约800 m，东距民耀路900 m。

　　基地距离东南边的城市轨道交通九号线顾唐路站900 m左右。目前周边商业配套较为薄弱，并无大型购物中心等。

一层平面图

二层平面图

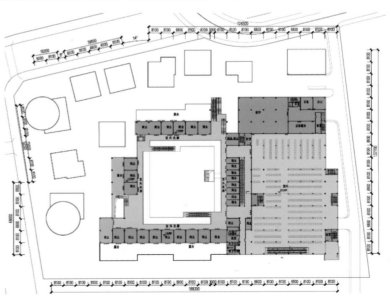

三层平面图

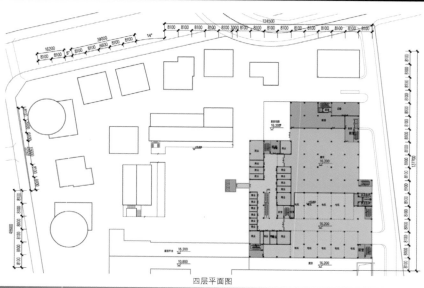

四层平面图

五层平面图

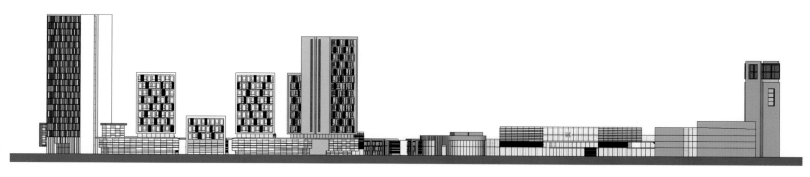

盛京方城

项目地点：沈阳市

设计单位：上海汉米敦建筑设计有限公司

用地面积：32 263.04 m²

建筑面积：167 415 m²

建筑密度：60%

绿 化 率：10%

盛京方城是沈阳城市的"根"，其地标性建筑便是世界文化遗产——沈阳故宫。以沈阳故宫为中心、面积约为178 hm²的范围，现已规划为方城文博旅游商贸园区。这里将成为具有区域民族特色，融文化、旅游、购物、餐饮、娱乐、休闲于一体，辐射东北、影响全国的文化旅游产业园区。

基地地处方城北部，毗邻九门遗址公园，其重要的地理位置必将为这里带来极高的商业价值。同时，如何将区域文化与豫园文化结合将是设计的难题。

盛京方城结构清晰严谨，纵横交错的道路网络基本呈现九宫格的形态，九宫格内的建筑布局基本南北规整，这也使得整个盛京方城更为大气紧凑。故宫大殿所在的南北主轴贯穿方城南北，延续到基地内部，连接北门。这也将是未来基地主要人流的轴线。

以规整严谨的建筑空间形态，将基地建筑有机地整合在盛京方城之中，通过大地域的高附加值，带动小地域的文化商业附加值，这将是整个设计的主导思想。

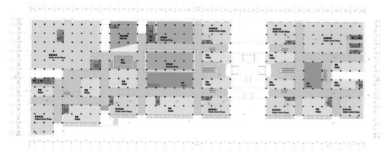

一层平面图

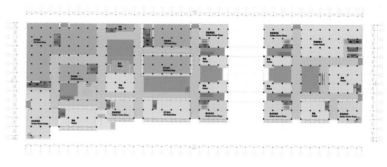

二层平面图

东立面图

西立面图

南立面图

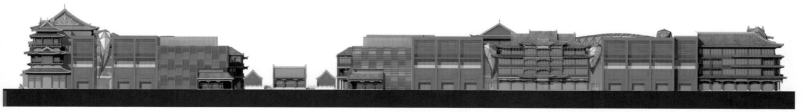
北立面图

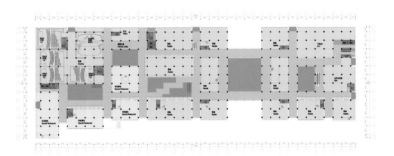
三层平面图

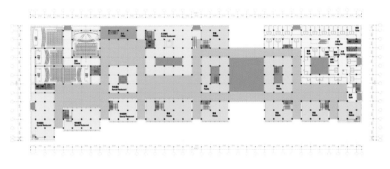
四层平面图

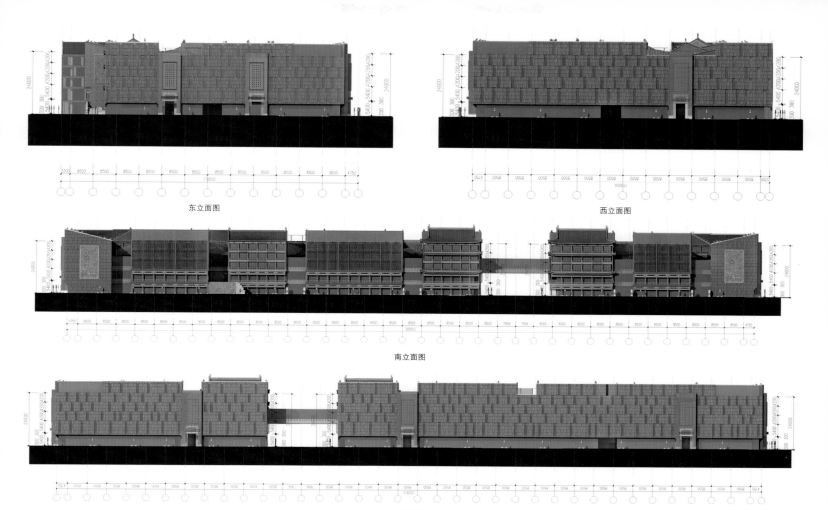

东立面图

西立面图

南立面图

北立面图

A-A剖面图 | A-A Section

剖面图1

索引 | Keyplan

B-B剖面图 | B-B Section

剖面图2

索引 | Keyplan

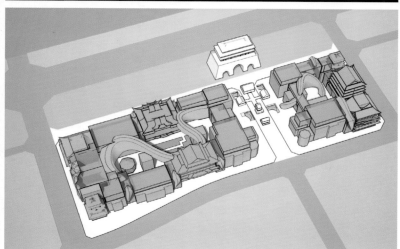

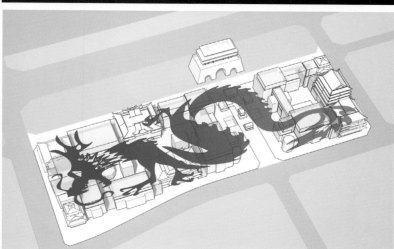

皖东南粮食批发市场（物流中心）

项目地点：宣城市
设计单位：喜邦国际（C&P）
用地面积：48 139 ㎡
建筑面积：149 475 ㎡
容 积 率：2.41
建筑密度：36.6%
绿 化 率：30.8%

　　基地大体分为 A 、B 两大块。一块紧靠宝成路，为商业服务区（A地块），含有接待中心、商务公馆、公寓以及底层商业区等功能区，在建筑体量上能构筑起城市界面和起到城市窗口的作用，在服务于粮食产业基地的同时，发挥着一定的城市功能。另一块紧靠三棵树路和粮食产业基地（B地块），功能为粮食物流中心，主要作为粮食产业基地的批发和交易平台。在功能上，本地块是集聚商贸服务、物流、生产于一体的现代产城一体化节点区域。

　　退线：基地退宝成路 30 m，退三棵树路15 m，作为城市绿化带；其他方向退线都参照《宣城市城市规划管理技术规定》。
　　建筑高度：接待中心为 98.4 m（主体），商务公馆 81.4 m（主体），公寓 91.6 m（主体），裙楼 16.8 m；物流中心二至三层，建筑高度不超过 24 m；商业及酒店裙房共三层，其中一层层高6 m，二、三层高均为 5.4 m，酒店客房、公寓、公馆每层层高均为 3.4 m。

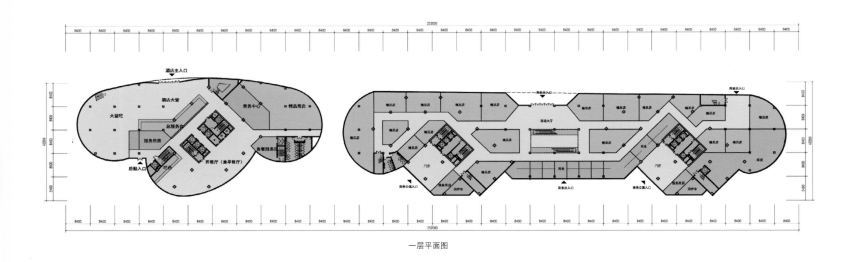

一层平面图

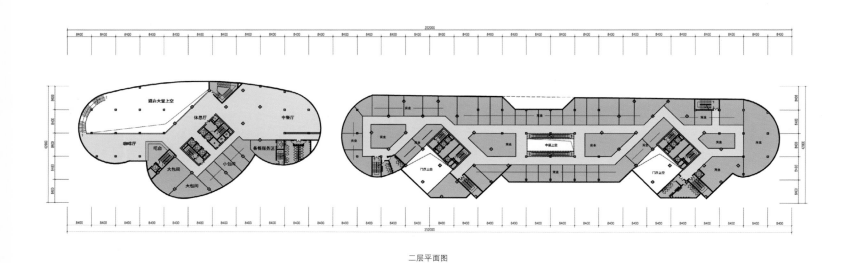

二层平面图

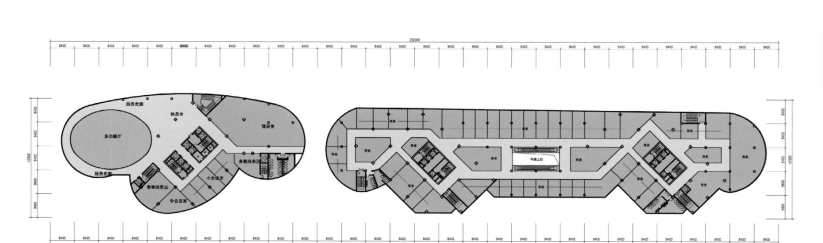

三层平面图

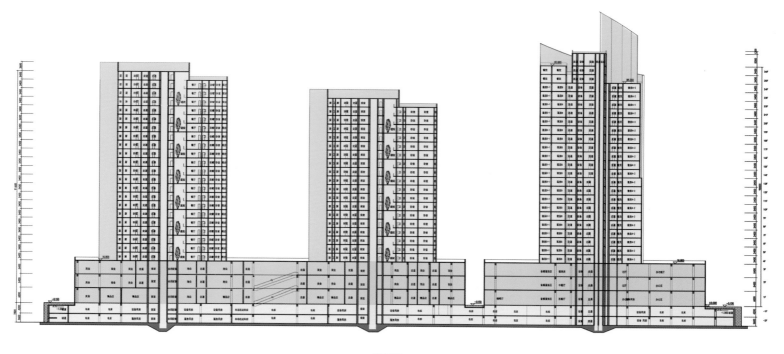

剖面图1

天津鹏欣·水游城

项目地点：天津市
设计单位：上海广万东建筑设计咨询有限公司（HMA建筑设计）
用地面积：27 000 m²
建筑面积：147 900 m²

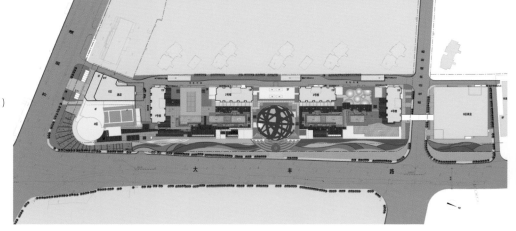

整个工程由酒店、商业空间、办公空间三部分组成，是集休闲、购物、餐饮、娱乐等功能于一体的城市商业综合体。

A区：4栋15层公寓式办公楼及3层的商业配套公建，地下1层为商业及设备用房、停车库，地下2层为设备用房、停车库（战时为人防）。

B区：1栋5层商业配套公建，地下1层为设备用房。

C区：1栋21层星级酒店及其附属用房，地下1层为设备用房。

D区：加建的酒店的配套设施，包括宴会厅、泳池及其配套用房，地上3层，其中1、2层为架空层。

依据设计指导思想，设计中力求突出重点，强调秩序与节奏，地块内建筑西高东低，以减小对城市街道的压力。由于地块呈南北向狭长形态，因此总体布局以点线结合，突出重点。在两条城市主干道大丰路与芥园道的交角布置一栋21点式高层酒店，并结合地铁上加建的裙房形成地标性建筑的起点。在临大丰路的3层商业街的中部，结合内部空间设球状造型，打断过长的线性沿街立面，突出重点。基地西侧设4幢板式高层写字楼，围绕商业中心形成两幢东西朝向、两幢南北朝向的布局，丰富沿街景观。北侧的五层独立建筑成为地块收尾。

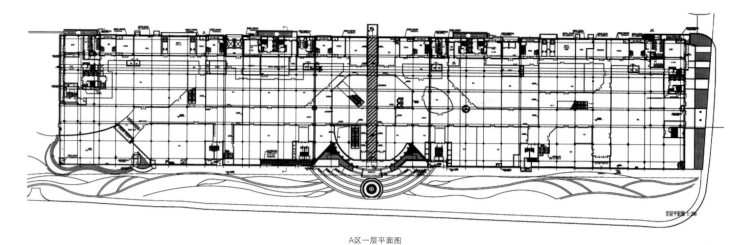

A区一层平面图

大丰路沿街立面图

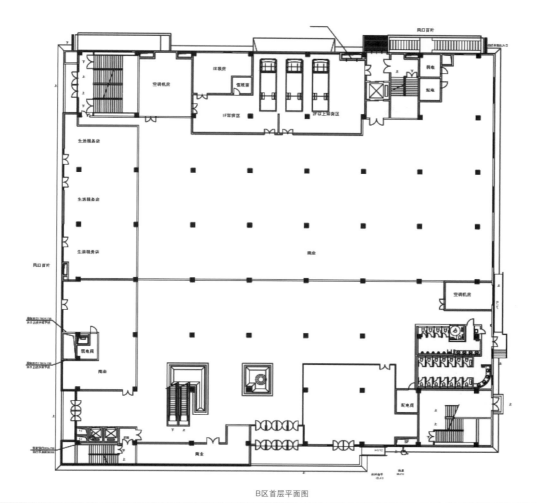

B区首层平面图

上海十六铺码头二期综合开发

项目地点：上海市
设计单位：ANS国际建筑设计与顾问有限公司
用地面积：29 000 m²
建筑面积：137 000 m²

　　上海十六铺码头二期综合开发，包括码头改建及新和平、596两个商业地块的总体开发。十六铺码头二期北起东门路，南至复兴东路，西起外马路，东至黄浦江的狭长地带，作为码头二期的延伸段，是南外滩金融办公区最新启动的项目之一。

　　设计首先满足的是旅游码头高效的功能。将登船流线与下船流线完全分开，可以满足最大的人流量，并且将下车集散、安检、候船、检票、登船的空间设计在同一平面上，以避免高差对人流量的影响，从而达到高效。其次，码头位于黄浦江S形弯道上，是黄浦江畔能将外滩和陆家嘴两岸景色尽收眼底的最佳景观点，所以在码头的7.4 m处设计了观景平台，

此平台与一期的平台相连通，在不妨碍通行的前提下，创造了起伏有动感的活动空间，提供了多层次、多角度的观景体验。

　　由于上海十六铺码头二期地域位置的特殊性，新和平及596地块的综合开发，很大程度上在功能性、交通性及设备集约化上起到了有效的弥补作用。两个地块的地下空间的整体连通及有效利用，缓解了交通压力，使公共空间得到延展，更有效地最大化了商业价值。立面设计结合现有的交通银行大楼，采取异中求同、同中求异的策略，统一基调的同时又突显各建筑的特色。设计师延续老外滩创新的态度和尊重历史的原则，设计了一组现代、简约、大气，同时又不失精致细节的上海气质的建筑群。

杨浦新江湾城商业办公综合开发

项目地点：上海市
设计单位：ANS国际建筑设计与顾问有限公司
用地面积：26 000 m²
建筑面积：179 270 m²

项目位于上海市杨浦区淞沪路及三门路路口，周边有新江湾城、大学城、五角场商业圈，在项目地块内有十号线地铁出入口，交通非常便利，本项目所在区域将会成为上海市有代表性的城市商务副中心之一。本项目拟设计成为高品位的建筑和景观精品，成为该区域标志性建筑之一。

建筑包括A、B、C 三栋高层建筑及多层裙房建筑，其中A、B、C 三栋建筑分别为地上23 层、21 层、11 层的办公楼，地下为3 层的钢筋混凝土框架—抗震墙结构建筑。

该项目基地位于新江湾城内，周边配套设施齐全，自然资源优势明显，项目用地地形平缓，具有良好的开发潜力。经市场调研，定义为集办公、休闲、娱乐于一体的高档豪华型区域。依靠品质、文化、价值元素，绿色健康的生活模式，在室内外设置多种娱乐休闲场所，提供高科技的运行模式、无微不至的管理模式和人性化服务。一层与二层空间充分考虑城市步行景观及周边良好的交通流线，通过建筑体量的切分将商业价值最大化。三层空间一气呵成，犹如城市的空中客厅，给人们提供休闲、娱乐的场所。

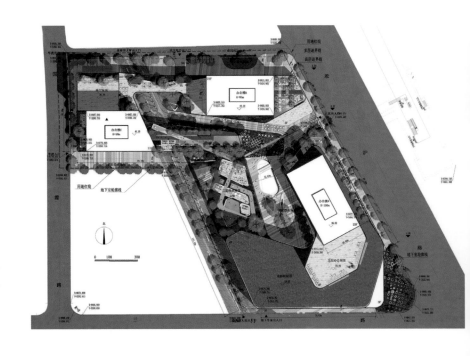

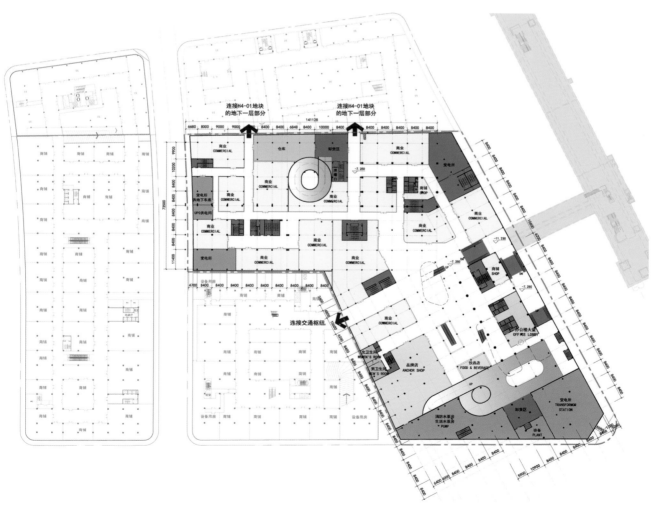

地下一层平面图

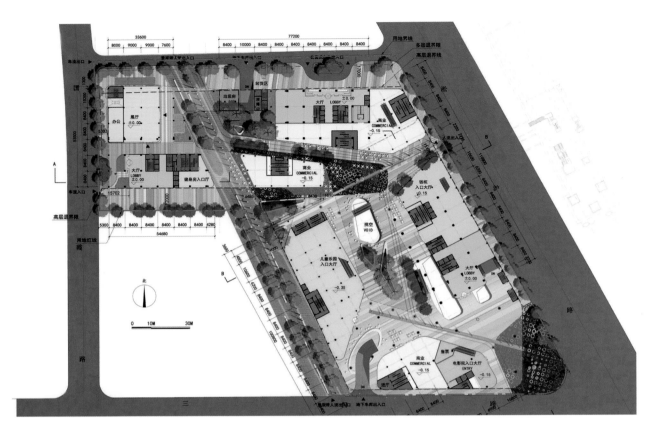

一层平面图

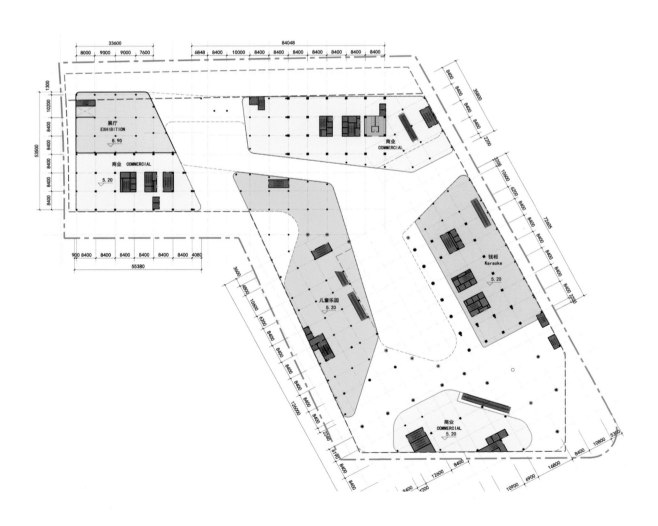

二层平面图

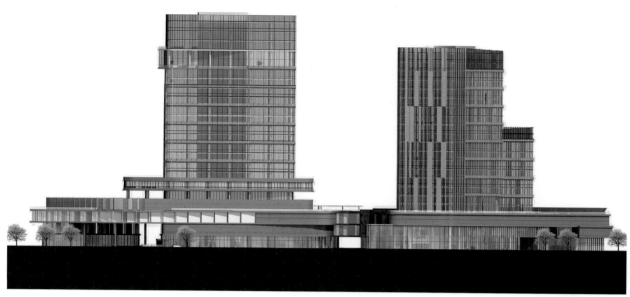

东立面图

西立面图

北立面图

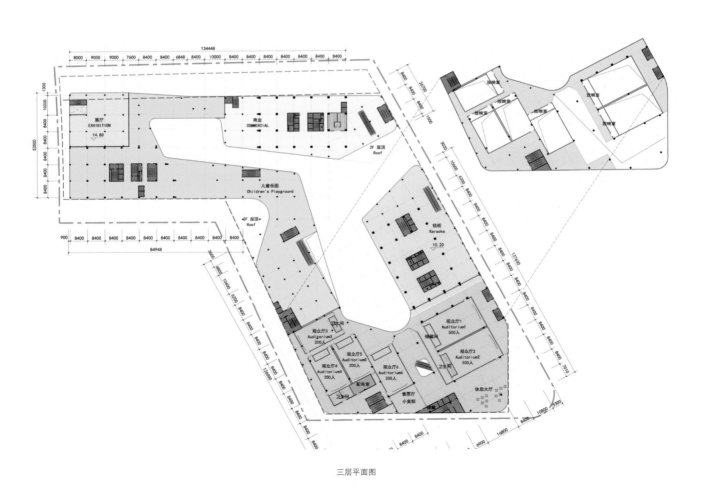

三层平面图

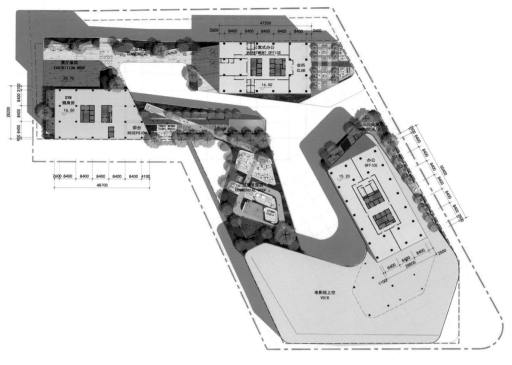

四层平面图

重庆绿地海外滩商业会所

项目地点：重庆市

设计单位：美国PURE建筑师事务所

合作单位：会筑景观，上海牧桓室内设计

设 计 师：施国平 黄晓江 阮晓舟 张 军 张力行
　　　　　唐 亮 朴京浩 阮凌青 彭 勃

建筑面积：1 010 ㎡

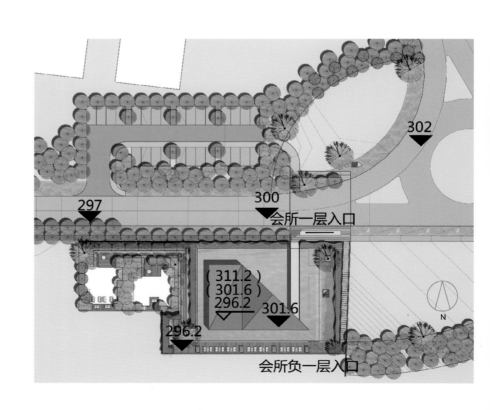

重庆传统民居所表现的坡屋顶特征,作为传统风貌引入建筑设计中。从山坡上看,建筑似船体在水面上扬帆起航;从室内望江,犹如置身灵动轻舟之中;从江对岸看,建筑如珠宝盒,盘踞其上,精致轻盈。

建筑空间开阔、舒展,具有良好的视线景观和朝向。一水,一物,构筑建筑大气美观的形态特征。建筑功能分区明确,一层为展示区,负一层为洽谈区和办公区,由一楼而入,顺势而下,良好的功能组织使流线更富合理性。售楼处折面屋顶形态,犹如绵延起伏的青山,与地势融为一体。

步行空间设计独特,每一处都有不同的景观与趣味性。钢结构的工字柱,支撑建筑屋顶,形成柱帘,室内展示区无柱子,是售楼处的一大特色。建筑选用钢结构形式,一层为1.2 m间隔的工字钢组成的网状结构,在实际操作过程中可根据每个面进行预制生产及现场安装。折面坡屋顶在室内与空间构成的体验使建筑看起来更富趣味性,使人流连忘返。玻璃所表达的清新、高雅,为建筑营造优雅气质。

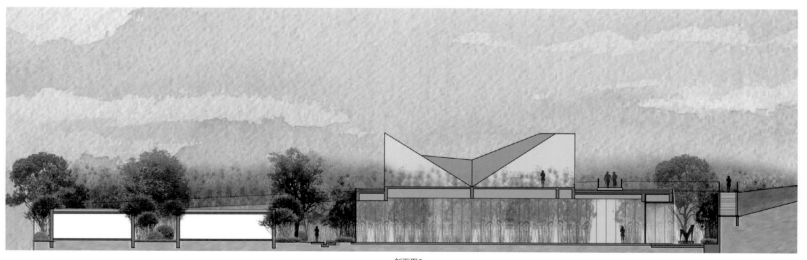

剖面图2

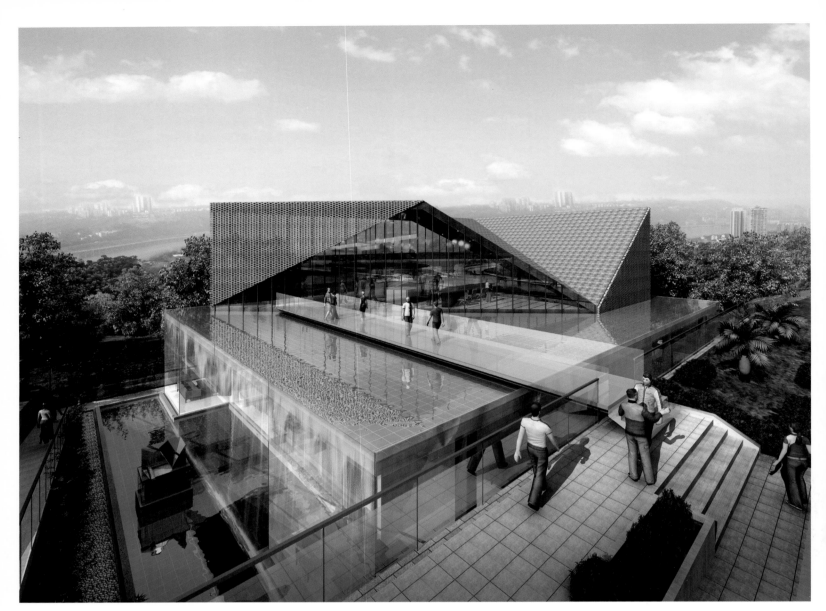

| 男卫 | 女卫 | 储藏 | 换衣间 | 办公室 | 配电 | 客服办公 |

水吧

财务室　　会议室　　经理室

±0.000

签约区　　　　　　影音室　　VIP

洽谈区

出口

地下一层平面图

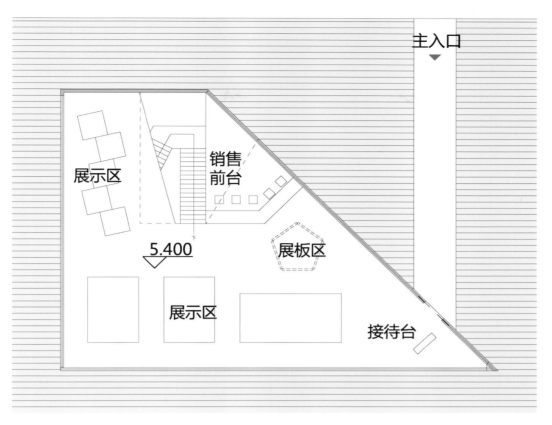

主入口

展示区

销售
前台

5.400

展板区

展示区

接待台

一层平面图

嘉兴科技生态创新园

项目地点：嘉兴市
设计单位：DS鼎实国际建筑设计有限公司
用地面积：14 553 m²
建筑面积：38 262 m²
容 积 率：1.78

城市·村落

身处高度现代化的大都市，人们却越来越向往田园牧歌的天然和小镇生活的宁静。城市中超大体量的建筑、超宽的马路使得都市人日益冷漠。尤其在嘉兴这片以商务功能为核心的过度城市化的新区，尺度宜人的商业步行空间就显得更加可贵。与传统大型封闭的购物空间不同，设计将"村落"的概念化整为零，分解建筑的大体量，使之成为由众多"小房子"聚合而成的复合体，使商业行为成为一种在公园里"逛"的美好体验和感受。

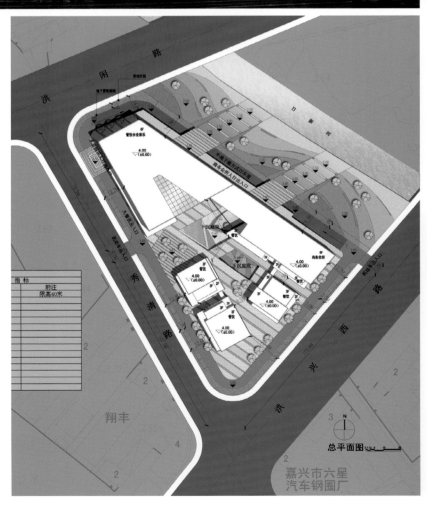

总平面图

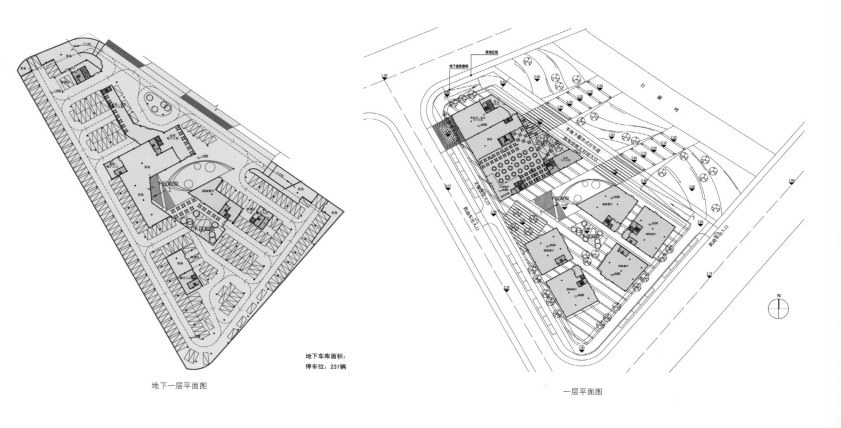

地下车库面积：
停车位：231辆

地下一层平面图

一层平面图

二层平面图

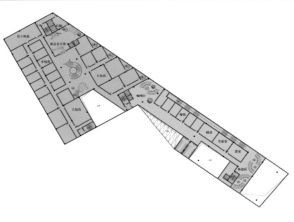

六层平面图

立面图1

立面图2

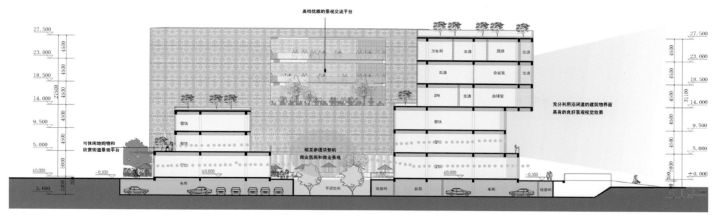

剖面图1

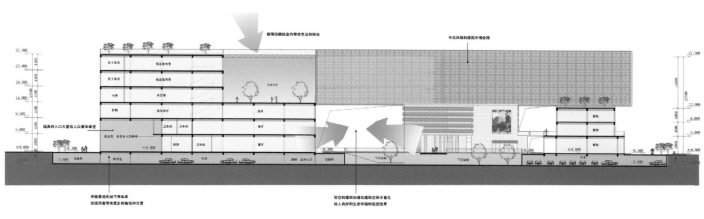

剖面图2

上海汉中路地铁101地块

项目地点：上海市
设计单位：DS鼎实国际建筑设计有限公司
用地面积：3 400 m²
建筑面积：18 200 m²
容 积 率：4.0

穿梭于建筑的绿色走廊

　　项目位于闸北区汉中路，是为苏河湾商务区服务的商业、娱乐、办公用房。设计策略立足于三点。第一，塑造上海闸北"新地标"形象。在60 m限高的情况下，对建筑体块进行动态调整，丰富城市界面。在闸北区现有的城市肌理上注入动态钻石状的肌理，强调时尚动感的特性。第二，整合城市绿带，塑造高品质空间。一条绿带如彩虹般，从建筑一层主入口萦绕建筑一直延伸到屋顶，为市民提供一个立体花园。第三，组织商业开发业态，提升项目商贸活力。一至三层为商业区，根据业态要求可分可合，有满足不同业态需求的丰富性。

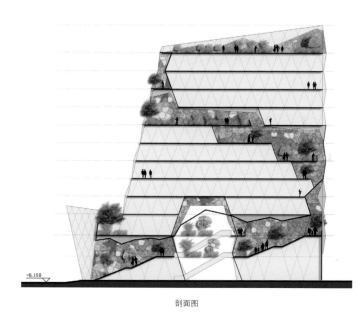

剖面图

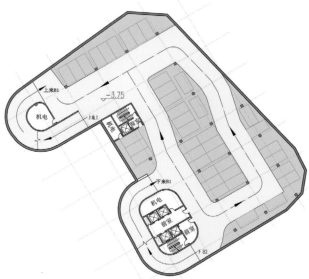

地下一层平面图

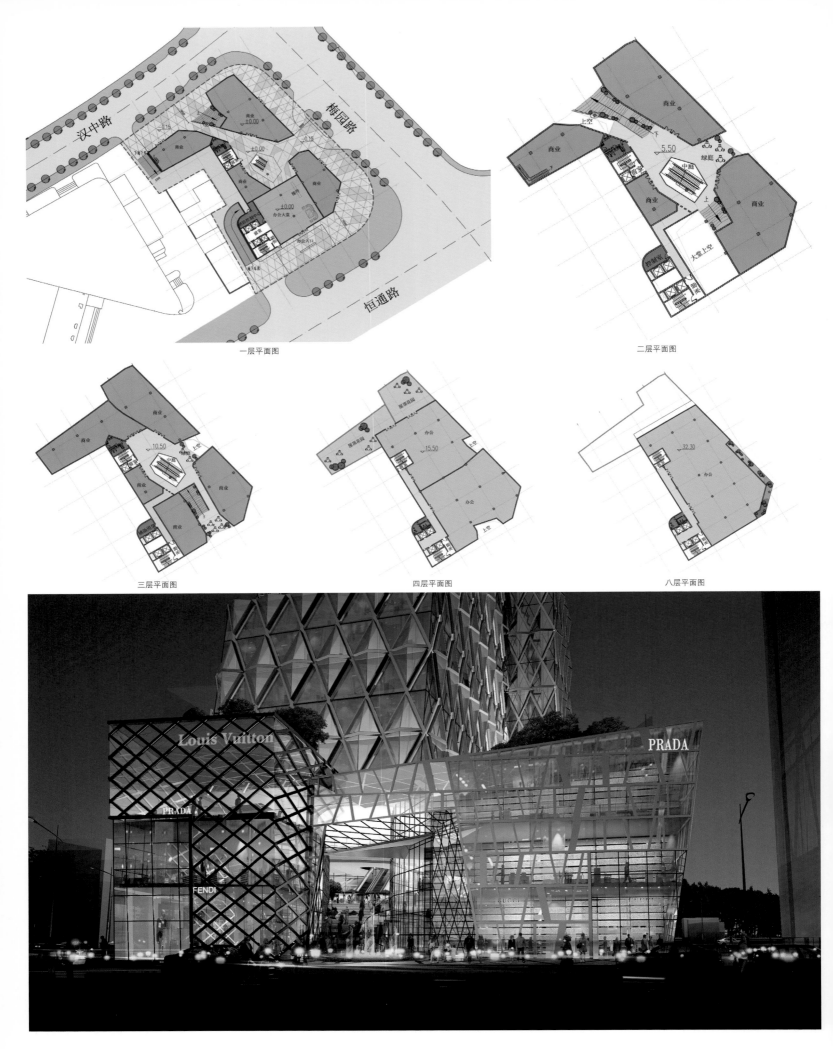

一层平面图

二层平面图

三层平面图

四层平面图

八层平面图

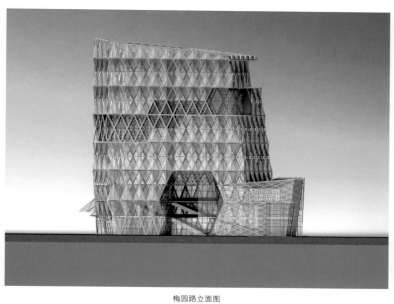

梅园路立面图   恒通路立面图

苏州石路佳和商厦

项目地点：苏州市
设计单位：DS鼎实国际建筑设计有限公司
总建筑面积：32 464.03 m²

    项目地处于苏州古城区中心地带金阊区石路步行街，区域位置优越。项目总建筑面积为32 464.03 m²，其中地上建筑面积为30 630.49 m²，地下建筑面积为1 833.54 m²。原建筑外立面主要为面砖和玻璃幕墙，材料已严重老旧，外立面造型已不能满足石路步行街的需求。本次立面改造重在突出公建化、标志化的设计主题，体现苏州新时代的建筑风貌，强调三段式美学构图，尊贵大气，稳重挺拔。立面材料主要以米灰色石材、深灰色玻璃、透明玻璃、深灰色金属板和金属百叶为主。设计采用新古典的设计元素，裙房部分立面强调现代与古典的碰撞，采用新颖的装饰性玻璃幕墙并充分考虑广告位的设置，符合商业建筑的性格；塔楼部分通过竖向装饰构件突出建筑的挺拔感，强调虚实对比和材料质感色彩的搭配，亦能体现其高贵典雅的理性之美。

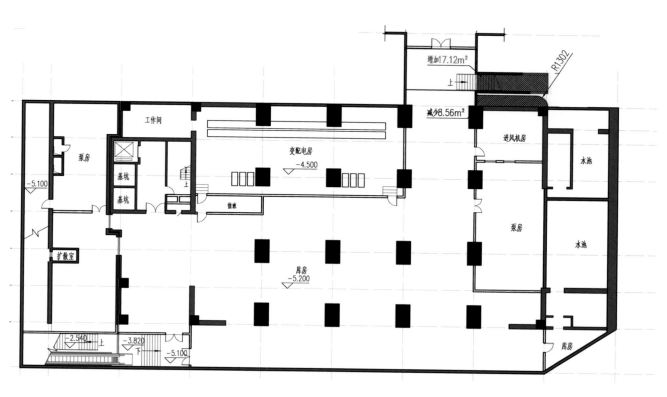

增加17.12m²

减少8.56m²

R1302

工作间

泵房

基坑

基坑

扩散室

变配电房
-4.500

进风机房

水池

泵房

水池

值班

上

-5.100

库房
-5.200

-2.540 上

-3.820 下

-5.100

库房

地下一层平面图

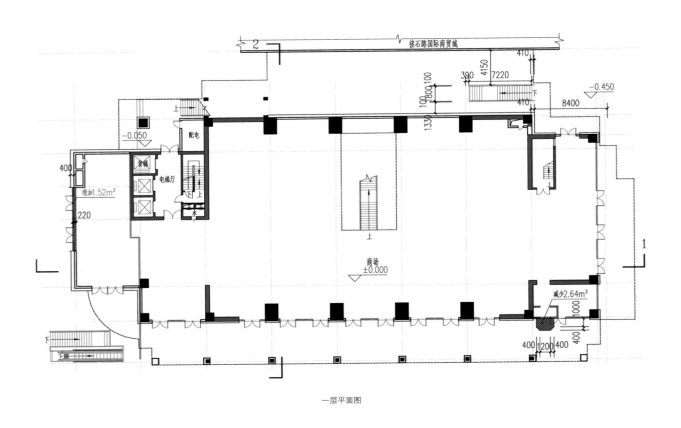

一层平面图

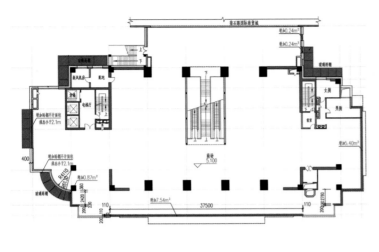

二层平面图

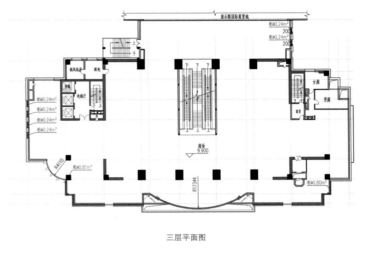

三层平面图

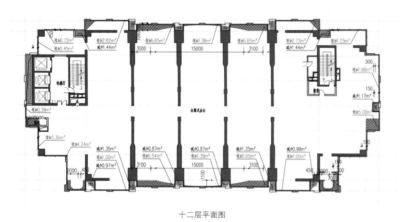

十二层平面图

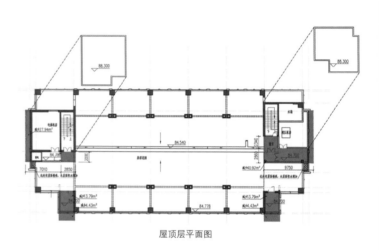

屋顶层平面图

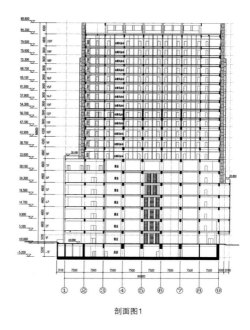

剖面图1

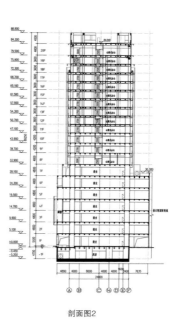

剖面图2

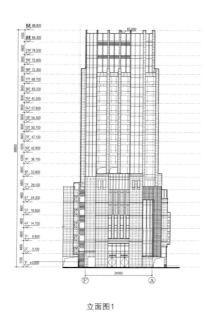

立面图1

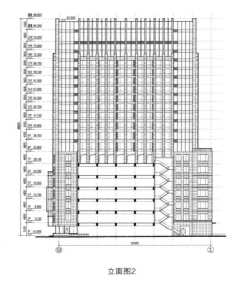

立面图2

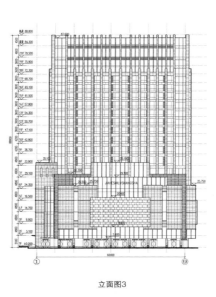

立面图3

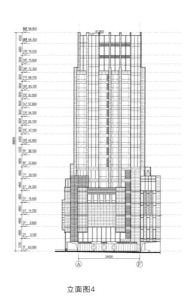

立面图4

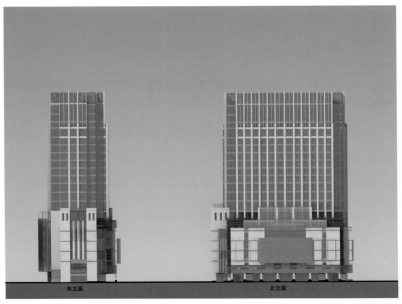

东立面

北立面

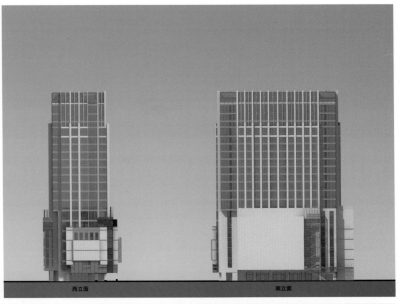

西立面

南立面

徐州奥特莱斯地块

项目地点：徐州市
设计单位：DS鼎实国际建筑设计有限公司
用地面积：76 152 m²
建筑面积：214 993 m²
容 积 率：2.4

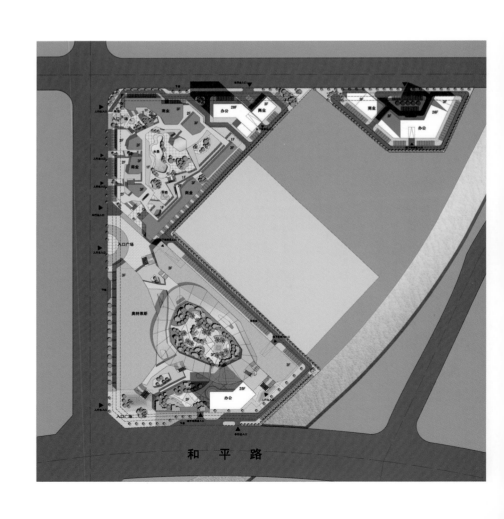

优雅生活 · 逐级而上的好心情

项目位于徐州市经济开发区金龙湖片区，基地被切分为三个类三角形的片段，设计结合地形将建筑群体分为高尚会所区、时尚餐饮区及奥特莱斯主题区，而奥特莱斯主题区的设计成为整个项目的核心部分。设计将"连续抬升的空间"作为贯穿项目的主旨，将原本仅为解决交通功能的大台阶、平台等建筑空间精心地演绎成了供人休憩、停留、交流的生态化共享空间。阳光、空气、水和植物亦巧妙地穿插于其中，人们在逐级而上的过程中可以享受到完全不同的购物空间体验。

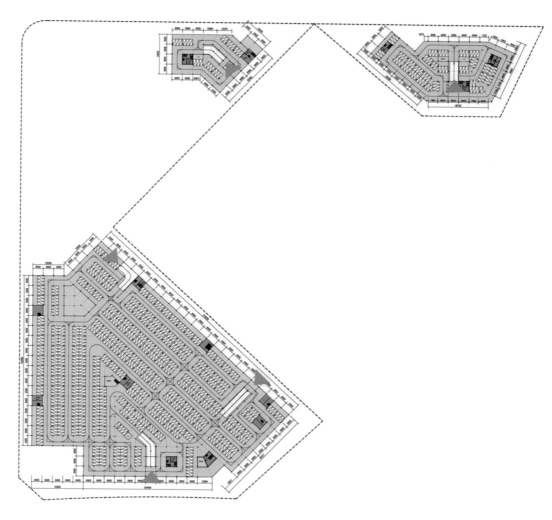

地下一层平面图

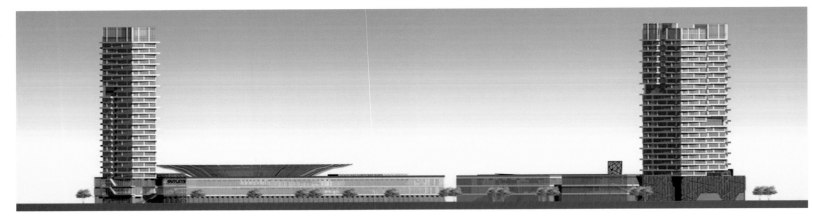

立面图1

立面图2

立面图4

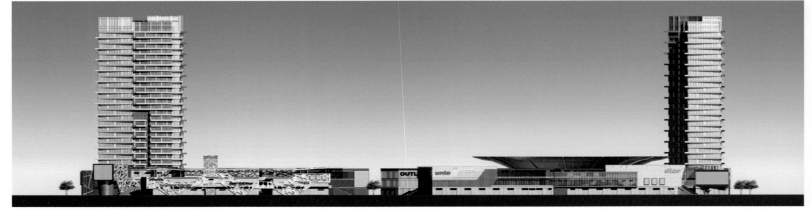

立面图3

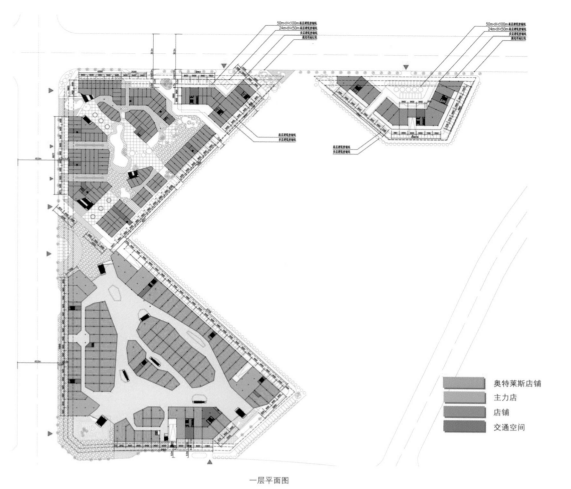

一层平面图

奥特莱斯店铺
主力店
店铺
交通空间

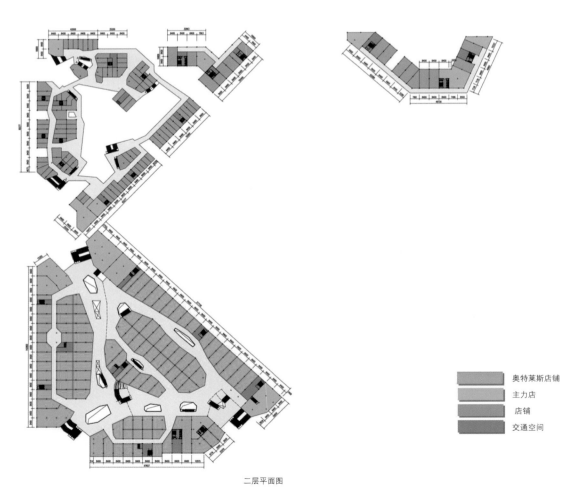

二层平面图

奥特莱斯店铺

主力店

店铺

交通空间

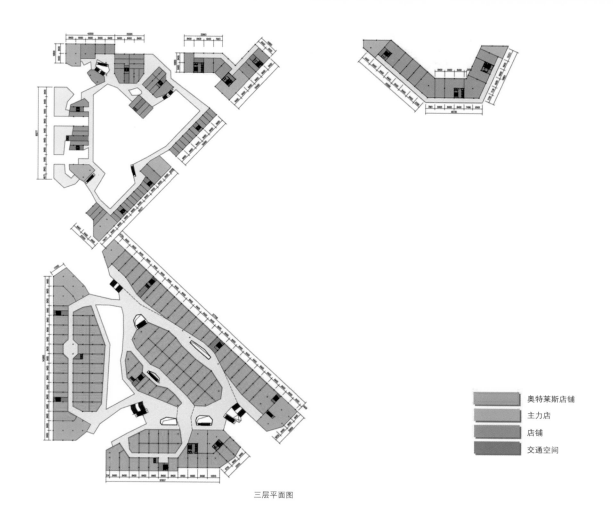

三层平面图

奥特莱斯店铺
主力店
店铺
交通空间

某市时代广场项目

设计单位：上海展德建筑设计有限公司

用地面积：35 333.51 m²

总建筑面积：317 019.20 m²

建筑密度：29.6%

容 积 率：5.36

大海

在规划设计中应充分体现鲜明的海洋文化，设计中采取了螺旋形的地面铺装、富有动感的曲面造型来暗喻海波、浪花、帆船等海洋元素。

长城

规划布局采用蜿蜒的曲线，自东向西不断抬升，象征连绵不断的长城，更暗喻了中华民族坚实的脊梁。

和谐

本项目地处城市腹地，不仅要形成独特的地标，更要融于环境，引导发展。由于功能复杂，用户众多，我们希望各种价值观相互融合、互惠互利，共同构建和谐理想的社会环境。

传播

地标性建筑不仅要打造新的城市形象，更要扮演传播城市发展理念的重要角色。本设计运用书卷展开的造型和书法、龙纹形态的镂空表皮，形成具有文化气质的外在形象，从而传达城市继往开来、积极进取的发展理念。

时代

一座标志性建筑代表了一个时代的发展水平和审美取向，设计采取全新造型来表达新时代的技术实力、经济水平、美学价值。这一切都充分反映了这个时代人们的自信心。

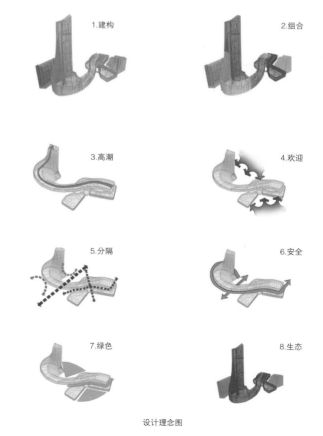

1.建构	2.组合
3.高潮	4.欢迎
5.分隔	6.安全
7.绿色	8.生态

设计理念图

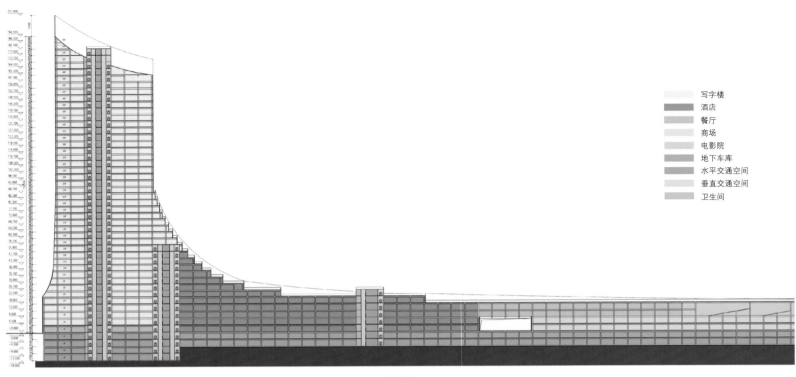

写字楼
酒店
餐厅
商场
电影院
地下车库
水平交通空间
垂直交通空间
卫生间

剖面图

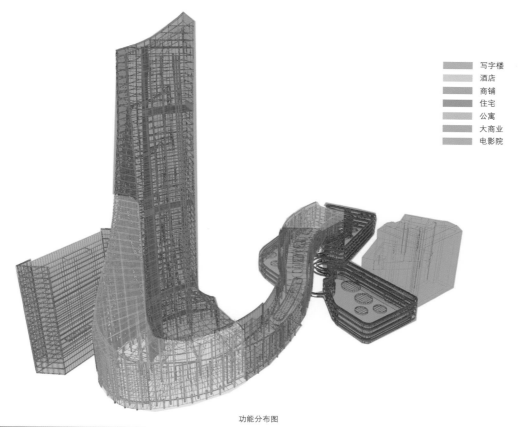

功能分布图

马加斯国际广场

项目地点：温州市

设计单位：润途建筑规划咨询（上海）有限公司

用地面积：64 153 m²

建筑密度：61%

容 积 率：3.51

"一个城市应拥有多个中心"，整个设计采用了第五代的商业模式——体验式主题商业。"互动、体验"主题已成为现今商业地产代名词，当下的商业已作为"城市客厅"展现在人们面前，本案的设计理念"城市中的广场，广场中的城市"充分体现了现今商业地产"以人为本"的核心。

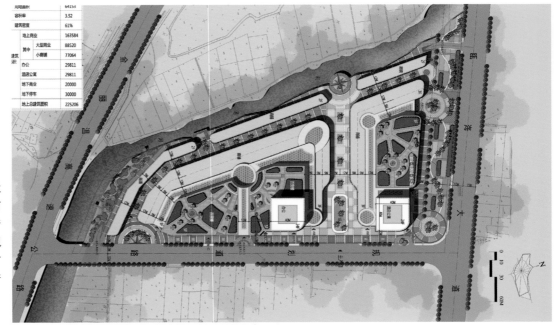

用地面积		64153
容积率		3.52
建筑密度		61%
建筑面积	地上商业		163584
	其中	大型商业	88520
		小商铺	77064
	办公		29811
	酒店公寓		29811
	地下商业		20000
	地下停车		30000
	地上总建筑面积		225206

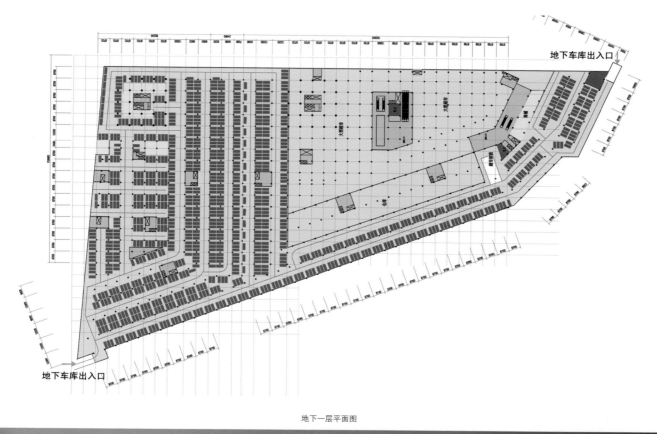

地下一层平面图

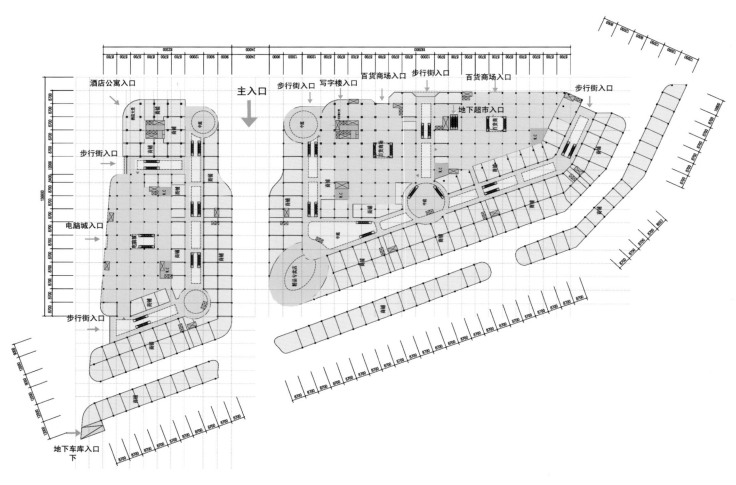

一层平面图

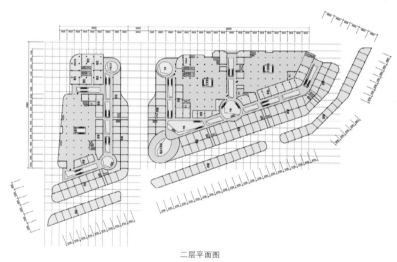

二层平面图

101

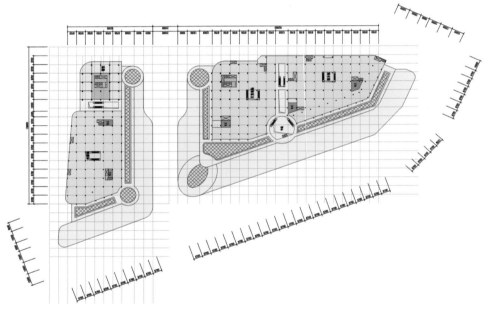

四层平面图

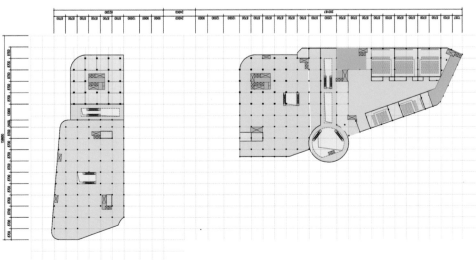

五层平面图

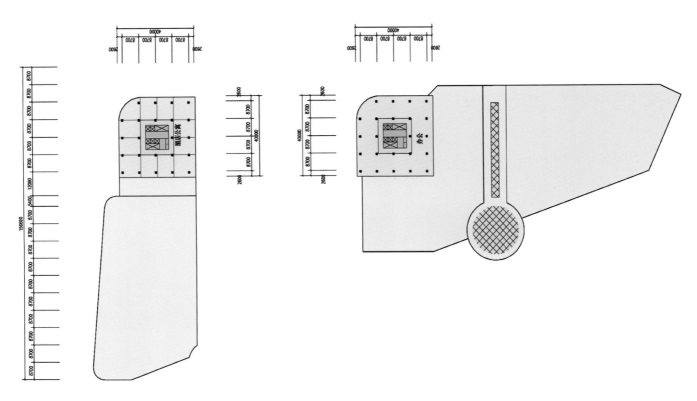

六层平面图

南通新瑞商业广场

项目地点：南通市

设计单位：润途建筑规划咨询（上海）有限公司

用地面积：18 178 m²

建筑面积：45 350.40 m²

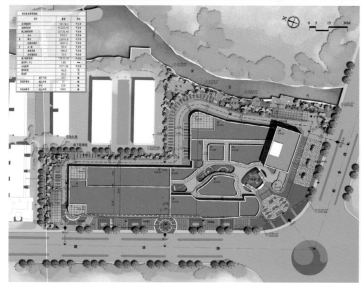

　　新瑞商业广场，位于南通市通州金沙镇建设路中段东侧，南起新金路，北至城市支路，东起税务新村、新金一河，西至建设路，基地处于金沙镇中心。建设单位为南通新瑞置业有限公司。

　　工程包括：三层大型商业楼，十六层酒店、办公楼和地下一层商业、停车库。总建筑面积：45 350.40 m²，其中地上建筑面积为32 720.4 m²，地下建筑面积为12 630.00 m²。

　　平面设计：本工程由商业裙房和一栋高层组成，商业裙房建筑高度为18.15 m；高层为16层，建筑高度为70.55 m。高层建筑标准层空间分隔围绕中央交通核展开，布置经济灵活，加强了互动性，同时所有标准层空间均有良好的采光。裙房的地下一层设有集中汽车停车库，结合设备用房布置。

　　单体意象：在单体建筑上，坚持"以人为本"的设计原则，突出均好性，强调室内外空间的流通，形式是内部功能的载体，因此，单体设计中，不单纯追求新奇、追求流派，而是在手法上顺其自然，以建筑体、面的组合、错动，虚实、明暗的对比，比例尺度以及建筑肌理的精心推敲，体现建筑形态的独特构思。建筑单元之间通过绿化和景观相互联系，气息相通。

　　立面设计：以外墙面体块的组合，错动划分立面,强调空间的演变和立面构成的流动性，并通过灵活的内部空间的处理，建构出富于韵律的立面肌理，谱写如同交响曲一般的和谐乐章。

　　材质以干挂石材和玻璃幕墙为主，并与周边建筑相协调，局部大玻璃的运用，体现建筑材质和空间的变化。立面处理成多个层次，考虑到简洁、明快和高效的特性，通过细部处理来丰富远近距离观看的细节，使之具有优美的韵律感。

赤道几内亚奥亚拉会议中心及商业中心

项目地点：赤道几内亚
设计单位：中国中建设计集团(直营总部)建筑A6工作室
主持设计师：袁野
设计团队：袁 野 杨雅杰 贺 超 李子伊 王 冠
用地面积：115 700 ㎡
建筑面积：72 040 ㎡

　　该项目是中国建筑集团援建非洲赤道几内亚的重点项目，也是赤道几内亚建国以来最重要的建设项目之一，是其新首都奥亚拉的重要标志。

　　方案以充分尊重赤道几内亚国家的地域文化为前提，在深入研究当地社会文化、气候以及自然景观的基础上，将最具有赤道几内亚文化特征的符号提炼出来，以一种非常规的方式，将这些文化元素组织起来，形成

独具特色的会议商业建筑群。其中会议文化中心，以"金色森林下的彩色小屋"的灵感，将非洲草原和热带雨林的自然景观与原住民的传统民居服饰，以抽象的形式表达出来，而商业中心则以马蒂斯的作品"手拉手"的意向表现，为整个中心营造出浓郁的非洲风情，并展现出时代感。

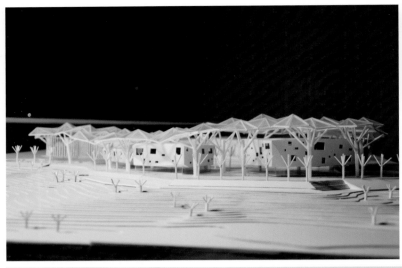

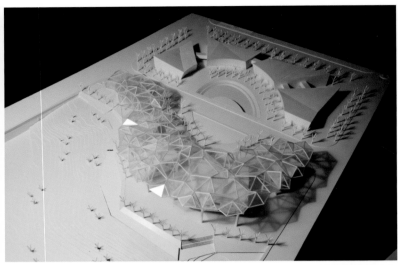

The City Living(上海)

项目地点：上海市
设计单位：上海万谷建筑设计有限公司
建筑面积：73 000 m²

该项目地处上海地铁4号线宜山路站前的地块。此地块距离徐家汇地区仅1.5 km，如果作为以购物和餐饮为中心的一般商业业态的集聚体（综合型商业）开发，其规模和便利性都逊色于徐家汇。由此，把这个地块定位为以软装商品为中心的主题商业区，锁定目的性购物者为对象群体，谋求与徐家汇地区的差异性。所谓软装商业业态是指桌椅、窗帘等家庭内部装饰产品的商业。也就是说，此类商品本身具有艺术性，其尺寸也比一般的商品大。于是，尽量将商品展示空间设计在店铺外面而不是店铺里面，以展示这些艺术价值较高的商品。这样，既可以让商铺扩大布置产品的空间，也能使客人有更多的机会直接触摸到商品。

使客人容易欣赏到商品、使商品得到更有效的展示，是商业设施必备的机能，可以说这个商业设施体是有效地陈列商品、体验商品的新型空间的一种尝试吧。

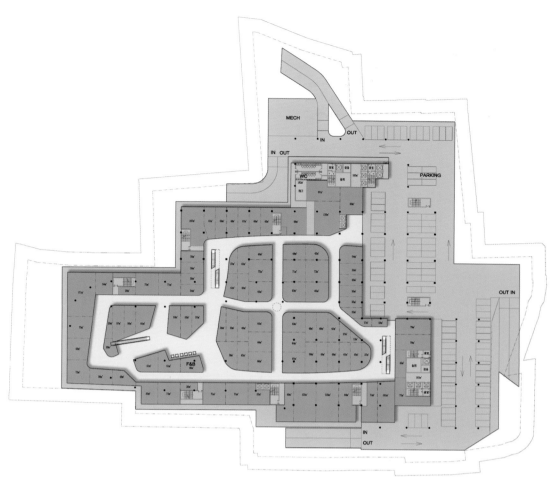

一层平面图

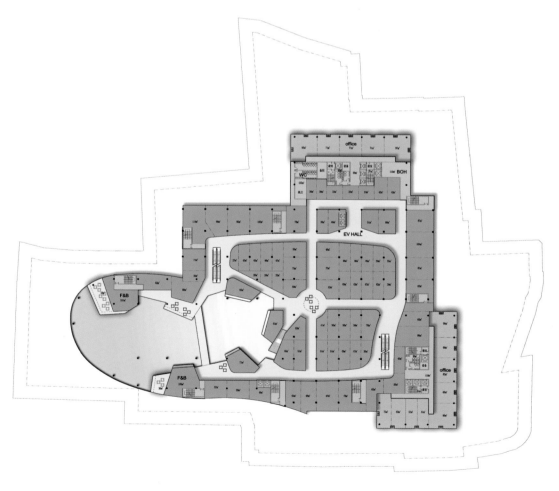

三层平面图

剖面图

广州国际单位二期

项目地点：广州市
设计单位：上海万谷建筑设计有限公司
建筑面积：146 000 m²

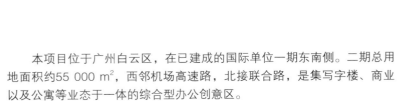

　　本项目位于广州白云区，在已建成的国际单位一期东南侧。二期总用地面积约55 000 m²，西邻机场高速路，北接联合路，是集写字楼、商业以及公寓等业态于一体的综合型办公创意区。

　　本项目最大的难点是复杂的地形和如何引导人群进入。二期入口在一期背面，夹杂了一些现有住宅，还有部分用地互相分离。设计使用古希腊时代市民广场（agora）的手法，把用地分成九个区域，并给每一个区域

都设置了不同的性格，用连续的广场这个概念，把每个区域连接在一起，并在每个区域设立广场，打造出表情各异的空间，提高人流动线及整体回游性。

　　国际单位二期是工厂改建项目，给人清洁高尚的感觉，现已成为非常有人气和活力的办公聚集地。业主希望能够把整个项目打造成"办公"、"娱乐"、"居住"的巨大创意产业园。

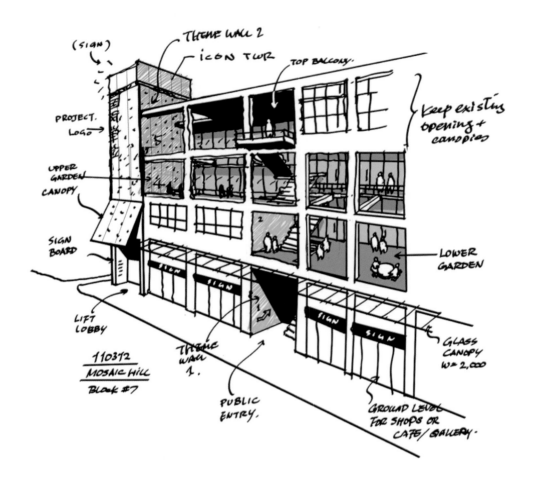

(SIGN)

THEME WALL 2

ICON TWR

TOP BALCONY.

PROJECT. LOGO →

Keep existing opening + canopies

UPPER GARDEN CANOPY

SIGN BOARD

LOWER GARDEN

LIFT LOBBY

110312
MOSAIC HILL
BLOCK #7

THEME WALL 1.

GLASS CANOPY W= 2,000

PUBLIC ENTRY.

GROUND LEVEL FOR SHOPS OR CAFE/GALLERY.

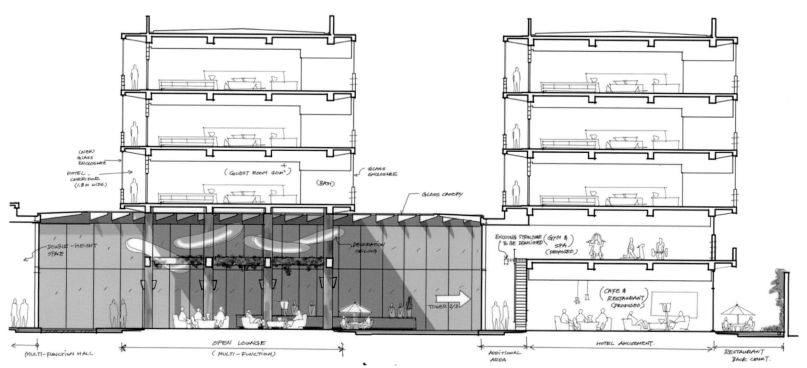

MULTI-FUNCTION HALL | OPEN LOUNGE (MULTI-FUNCTION) | ADDITIONAL AREA | HOTEL AMUSEMENT. | RESTAURANT BACK COURT.

福清利嘉现代城

项目地点：福清市
设计单位：福建省合道建筑设计有限公司
设 计 师：林卫宁 胡伙明 陈振
设计时间：2011年11月

　　本项目位于福清市绿轴的南端，是福清市的"绿心"。设计充分利用"城市中央绿轴"这一资源优势，结合两侧退台式商业街，打造集购物、休闲、娱乐于一体的生态商业综合体，营造出繁华都市中的一片绿洲。

　　地下商业街的设计自入口一直贯穿整个"绿谷"，使整体商业街完全融合在城市花园内，宛如"流动的峡谷"。在景观设计上，采用地面绿化与屋面绿化相结合的垂直立体绿化，构建城市的舞台，从而使得整个空间更加富有趣味性。人们流连于此仿佛置身大自然内。

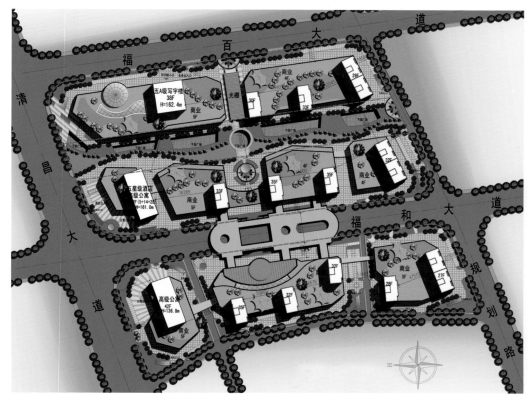

宁德龙威·经茂广场

项目地点：宁德市
设计单位：厦门合道工程设计集团有限公司
用地面积：90 544.04 ㎡
建筑密度：16.9%
容积率：1.87
绿化率：31.5%

本项目位于宁德市南湖滨路南侧、福宁路东侧。用地性质为商务办公和住宅用地，根据规划条件商务用地和住宅用地独立使用，其中商务办公用地面积约45 332.88 ㎡，住宅用地面积45 211.16 ㎡，地块总建筑面积229 243.63㎡，地上总建筑面积173 270 .98 ㎡，地下室总建筑面积55 972.65 ㎡，计容建筑面积169 317.35㎡，不计容建筑面积3 953.63 ㎡。人防总面积7 389.83 ㎡。机动车停车位1 534个，其中地上145个，地下1 389个，住宅总户数642户。

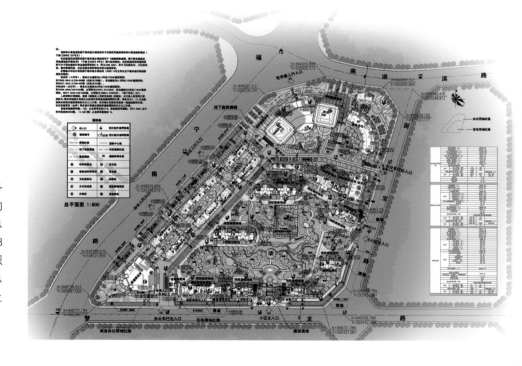

总平面图 1:800

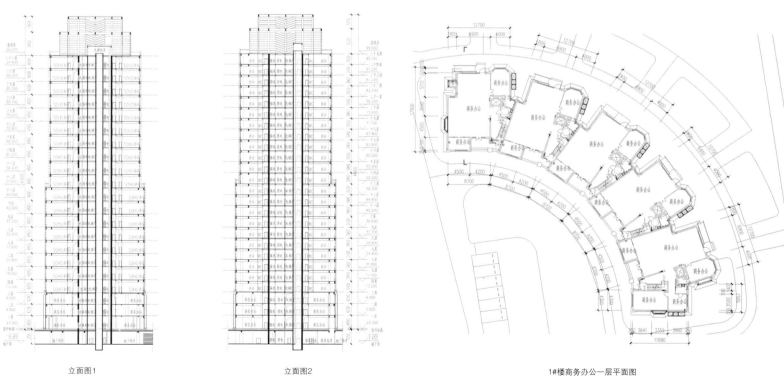

立面图1

立面图2

1#楼商务办公一层平面图

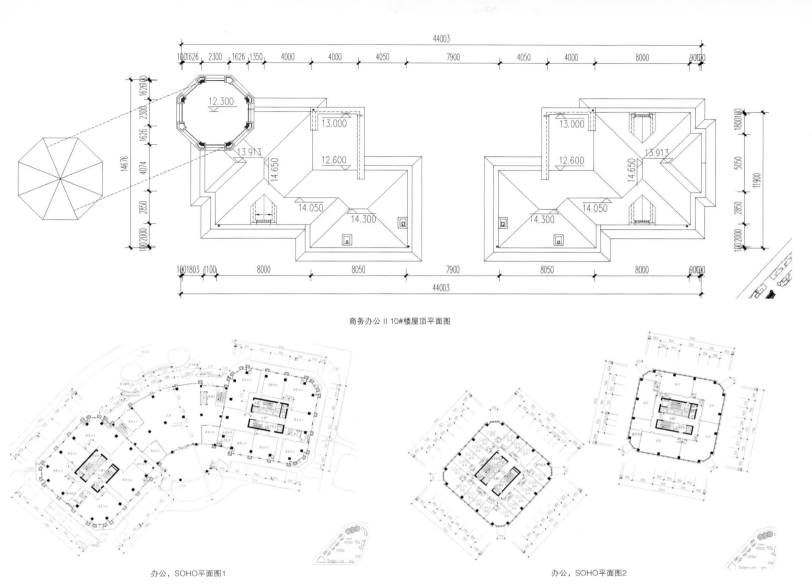

商务办公 II 10#楼屋顶平面图

办公，SOHO平面图1

办公，SOHO平面图2

汉正街购物主题公园

项目地点：武汉市

设计单位：福建省合道建筑设计有限公司

设 计 师：林卫宁　胡伙明　李秋霞　彭仙沾

设计时间：2012年4月

　　本项目位于武汉汉正街的东南部，武昌、汉口、汉阳三镇交界处，与著名的黄鹤楼隔长江相望。设计意在打造一个集世界一流的滨水商贸、电子商务、文化会展、休闲旅游于一体的多元化城市综合体、购物主题公园。

　　规划用地分为大小不等的八个地块，设计以地块中央的空中商业大道为主轴，结合连廊、扶梯等公共交通设施将各个地块的不同功能空间很好地串联在一起，并以自然为主题，采用全新的"植入式公园"的商业模式，将项目打造成为国内一流的自然生态式体验购物环境和标志性城市空间。

　　"汉江汉口汉正街，传统传奇传天下"，项目建成后即将复兴汉正街500年商业街的历史地位，重塑汉正街的辉煌。

利嘉·海峡商业城

项目地点：福州市

建设单位：福建省合道建筑设计有限公司

设 计 师：林卫宁 李秋霞 蒋文仲 胡伙明
　　　　　陈 振 彭仙沾 陈 婷

设计时间：2012年3月

　　利嘉·海峡商业城位于福州主城区南端，是集现代专业批发市场集群、医药健康城、国际名品城、会展中心、五星级酒店、写字楼、SOHO办公于一体的现代国际商贸城。

　　设计规划以南北向的下穿路（纵轴）和东西向的商业步行街（横轴）为主轴，连接各商业专题馆，开拓地下商业空间，形成多元化、交通便捷、上下贯通、人物分流的大规模商贸城。

　　建筑立面突出简洁、大气之感，通过横线条、体块组合、材质对比来体现建筑的整体性和虚实变化，呈现出交错、丰富的现代建筑之美。

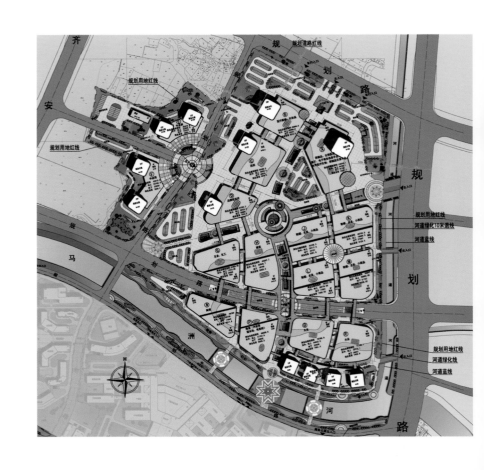

郑州·张庄城中村改造

项目地点：郑州市

设计单位：英国UK.LA太平洋远景国际设计机构

用地面积：327 461.21 m²

建筑面积：2 389 533 m²

地上建筑面积：1 660 633 m²

地下建筑面积：728 900 m²

建筑密度：40.81%

绿 化 率：30%

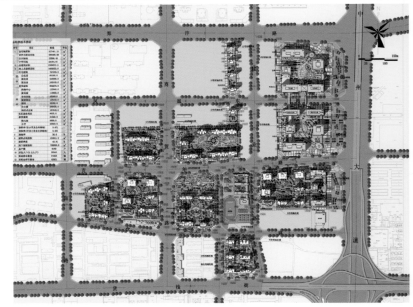

　　项目位于郑州市中心城区的核心位置，北侧和东侧紧邻两大城市干道——郑汴路和中州大道。用地被多条城市道路分割为若干地块，包括三块商业用地，一块商住综合用地，一块教育用地，一块公共绿地和多块居住用地。

　　项目定位为郑州中心城区新兴大型城市综合体、国际时尚生活街区，打造新一代集"吃、住、游、购、娱、休"于一体的综合性时尚商业街区；面向21世纪的生态住区，塑造优美现代、低碳生态、宜人方便的特色

社区环境；把握时代脉搏，通过富有创意的设计，使之成为富有深刻文化内涵又充满全新的时代气息的现代居住天堂。

　　总体规划布局

　　中州大道和郑汴路作为郑州市重要的城市干道，其交叉口的形象尤为重要。规划将商业综合体的主入口广场设置在此，并以百米五星级酒店作为地标性建筑，周边环绕高层酒店式公寓，在体现城市形象的同时能够让本区更有标志性。商业用地被城市道路分割成三块，规划考虑到延续商

业氛围及商业综合体的整体性，在各地块中间设置天桥将三个地块连成整体。

商业地块以高档百货、专业市场、酒店、公寓、办公等多种功能的复合形态为主，是现代化的商业综合体建筑。为避免大型裙房建筑购物环境的单调，规划设置中庭、玻璃走廊、连廊、观光电梯等穿插在建筑内，以利于形成生动有趣的购物环境。同时，裙房屋顶设置空中花园，增强商业的参与性，丰富建筑第五立面。高层建筑引入中国传统建筑的围合理念，弧线与直线相结合的建筑形态富于变化。

住宅区块包括自住区、商品房区和租住区。其中自住区住宅户型以两梯两户的高档平层大户为主，位于公共绿地南侧，小区中心设置大面积的集中绿地，景观优美；商品房区包括常规的两房两厅和三房两厅户型；租住区户型以一室和两室的小户型为主，便于租赁。各地块沿街商业价值较高的位置设置沿街商业店铺，最大限度地挖掘土地价值。各地块均设置环

路，采用人车分流的交通系统，车辆进小区后直接进入地下车库，减少机动车对行人的干扰。

本方案引入现代主义大师柯布西耶提出的"光明城市"概念，通过绿化和水系达到组团之间的活力交换。屋顶设置花园，使绿色遍布小区每一个角落和空间，这一切都表达出宛如立体主义和理性绘画作品一般的纯粹的美，每户人家都能享受到阳光、绿地、水面，回归居住建筑的本源。大间距、大围合的规划标准，建筑楼间距和底层架空，成就了集中式园林景观，保证了业主的私密性。

住区内设置水体并大量种植林木、草地，以水轴和绿轴贯穿整个用地，让建筑融入绿化环境中，形成一个个绿岛，使整个项目成为绿岛家园。

商业综合体部分结合屋顶设置空中花园，在形成丰富的建筑第五立面的同时能够有效地改善购物环境，营造浓郁的商业氛围。

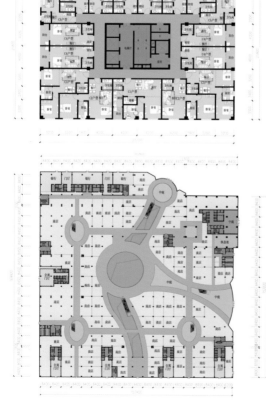

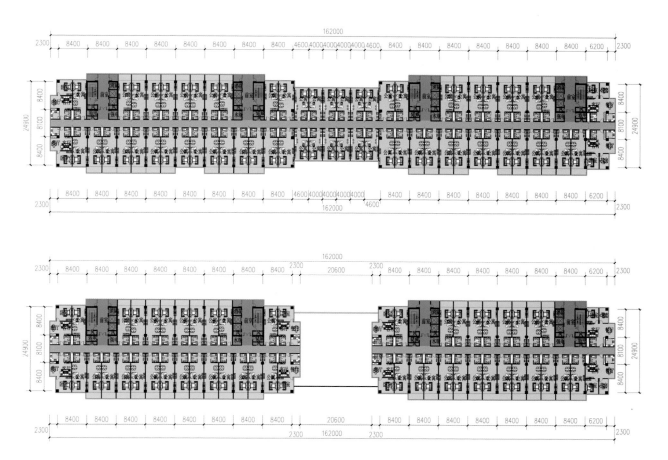

福山半岛

项目地点：山东省

设计单位：北京东方华太建筑设计工程有限责任公司

建筑面积：249 590 m²

地上建筑面积：208 566 m²

地下建筑面积：41 024 m²

建筑密度：17.8%

绿 化 率：47.5%

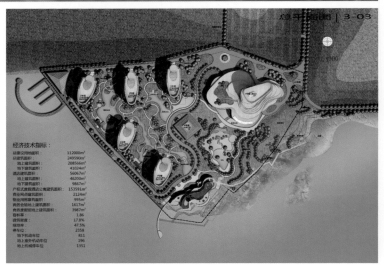

本项目充分利用独特的景观优势，规划设计从自然、人文、建筑生活与可持续发展的角度出发，倡导一种与自然为伍的理想生活方式，倡导国际健康生活标准，提供一种崭新的度假生活模式。

设计创意

1.总体布局——蛟龙出海

龙 ——中华民族的象征。 "龙"一直是权力和尊严的象征，同时也是美德和力量的化身，是吉祥之物。而龙与水的关系，正如同建筑群和海面景观的关系：互相映衬，共同提升。

规划采用半围合布局，朝东南方向的大海敞开怀抱。六栋点式建筑呈龙形布置，形成蛟龙出海的气势。星级酒店位于建筑群左前方，在青龙方

位作为龙头，统领整个建筑群。酒店作为景区新地标，又与母爱博物馆完美呼应。母爱博物馆晶莹剔透，线条柔美，水平舒展。星级酒店则简约现代，动感流畅，高耸俊朗。一高一低，一动一静，成为从主入口进入园区时精彩夺目的流动景观。

2.功能的层次与渗透

主入口的设计是彰显园区性格特征的主要标志，设计把星级酒店布置于园区的主要出入口处。同时酒店也拥有南向的优质海景。酒店南部沙滩侧设置休闲草坪。酒店后侧即为相对私密的产权式度假酒店公寓区，五栋产权式度假酒店公寓围合成内向的院落，其与酒店之间有绿化及道路隔开，减少相互影响。

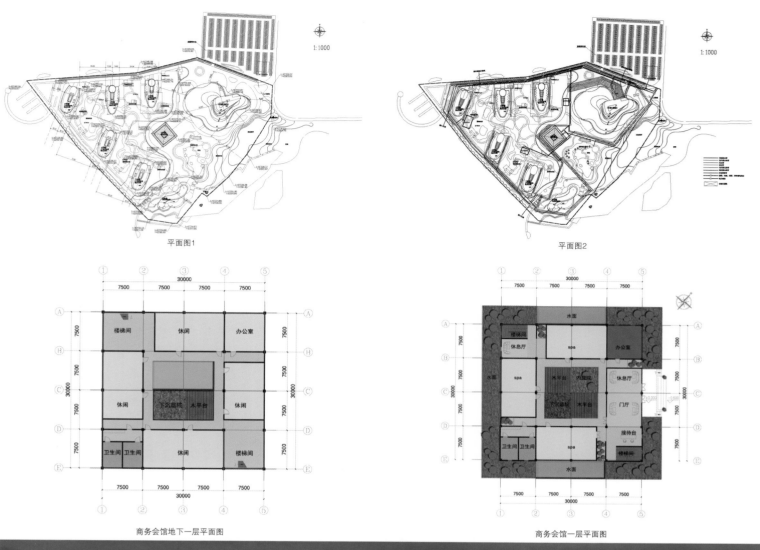

平面图1

平面图2

商务会馆地下一层平面图

商务会馆一层平面图

酒店立面图1

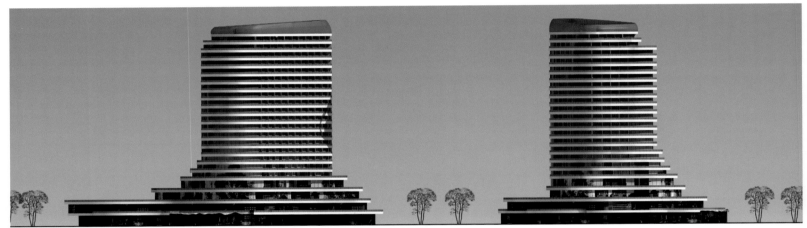

酒店立面图2

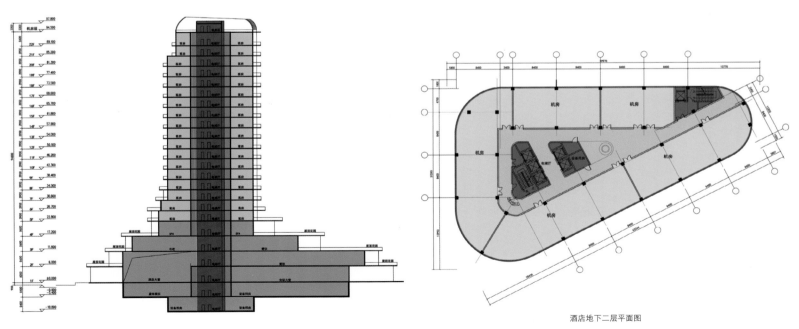

酒店剖面图

酒店地下二层平面图

138

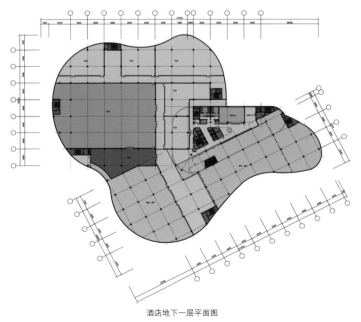

酒店地下一层平面图

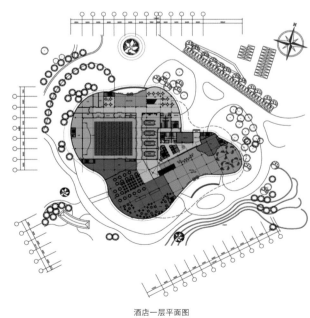

酒店一层平面图

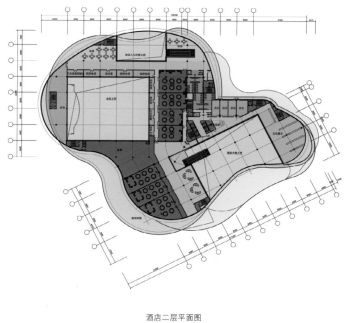

酒店二层平面图

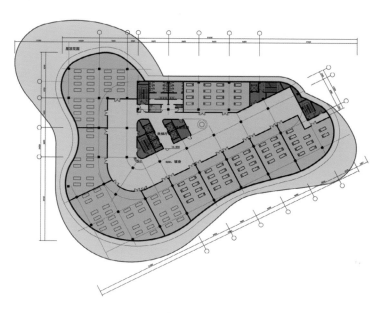

酒店四层平面图

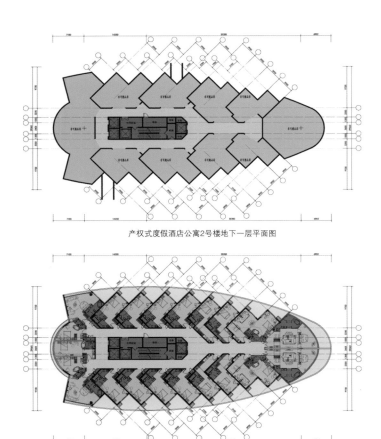

产权式度假酒店公寓2号楼地下一层平面图

产权式度假酒店公寓2号楼一层平面图

产权式度假酒店公寓2号楼标准层平面图

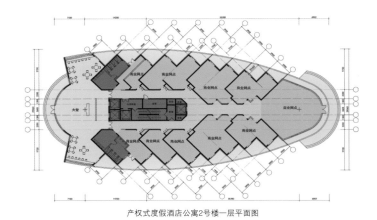

2、3号楼立面图

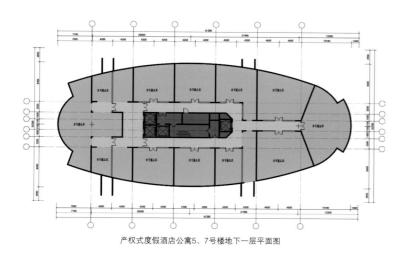

产权式度假酒店公寓5、7号楼地下一层平面图

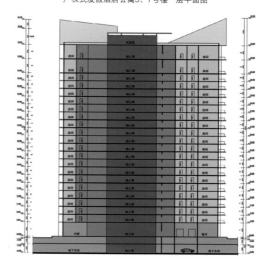

产权式度假酒店公寓5、7号楼一层平面图

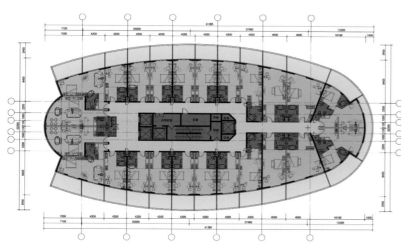

产权式度假酒店公寓5、7号楼2~10层平面图

6号楼剖面图

鄂尔多斯市乌兰木伦湖南岸中央新城

项目地点：鄂尔多斯市
业　　主：鄂尔多斯市鑫通房地产公司
设计单位：北京东方华太建筑设计工程有限责任公司
用地面积：37 497.56 ㎡

　　以鄂尔多斯市金融、商业和办公市场发展阶段为基础，结合项目所处的中心商圈的区域位置，对项目目标人群、功能的定位为：以独具灵感的水岸建筑风格，萃取国内外多元功能的优质商家资源，满足该市全新消费阶层的购物、休闲、社交、居住等综合需求，成为代表该市新城市生活的"第三空间"。

　　总体布局：体现出地块的独特利用性——狭长地块、水岸地块、规整地块等，规划上通过合理布局，充分引入用地资源优势，无论是沿湖城市定位还是沿街景观，在设计和建设上都具有未来眼光的弹性设计。

　　建筑形象：项目是鄂尔多斯市所在地康巴什新区的南大门，项目重视挖掘沿湖文化气质和现代建筑特色，并结合当地气候环境特点，突出鄂尔多斯市的文化主题，形成独特的风格和鲜明的城市标志性建筑，以自身优美的城市天际线形态，提升区域经济效力的价值。

　　功能定位：用地底层以商业为主，结合大型餐饮及休闲娱乐场馆，形成区域内丰富多彩的市民活动空间。

　　商业布局：沿街商业与商业文化、地方性特征相融合，与周边的环境和城市建筑文化相互呼应，强调布局和空间环境的相互关系。

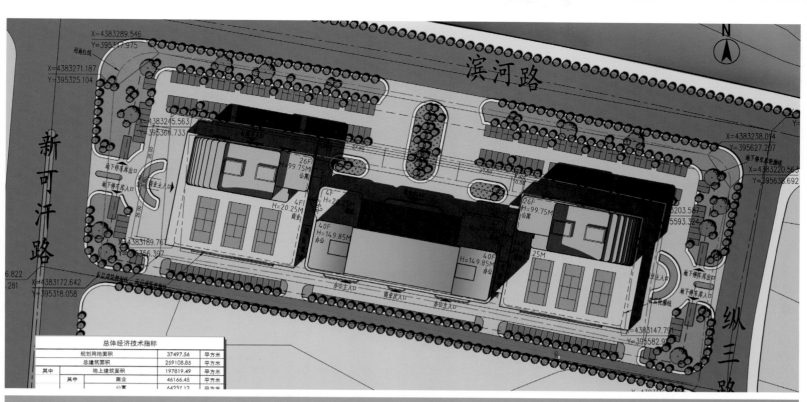

总体经济技术指标			
规划用地面积		37497.56	平方米
总建筑面积		259108.85	平方米
其中	地上建筑面积	197819.49	平方米
	其中	商业	46166.45	平方米
		公寓	64237.12	平方米

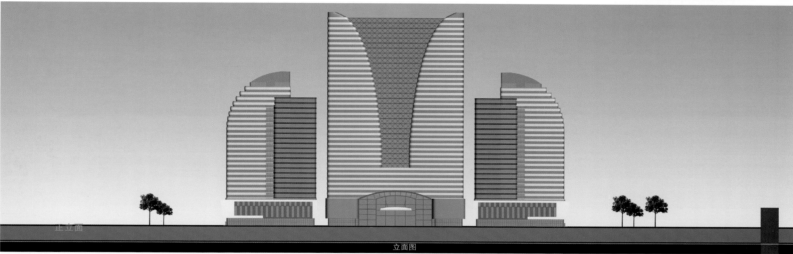

立面图

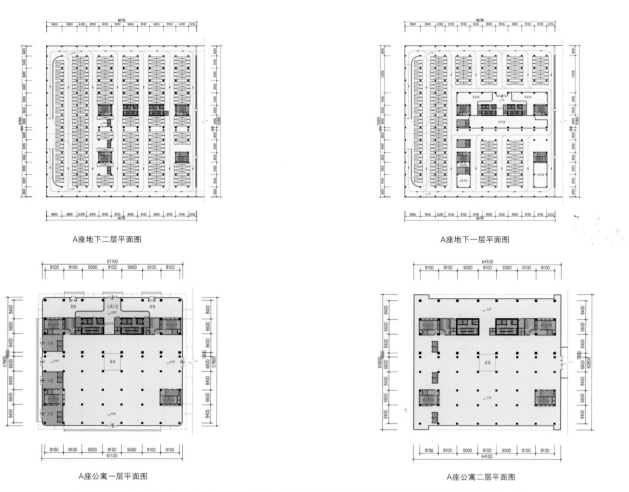

A座地下二层平面图

A座地下一层平面图

A座公寓一层平面图

A座公寓二层平面图

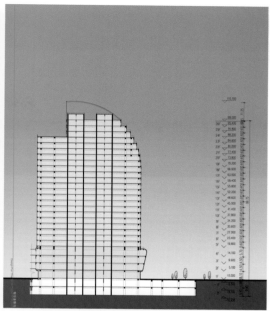

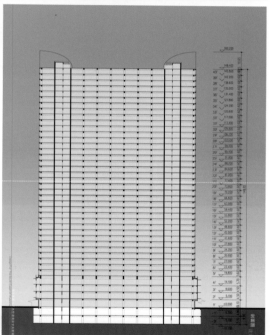

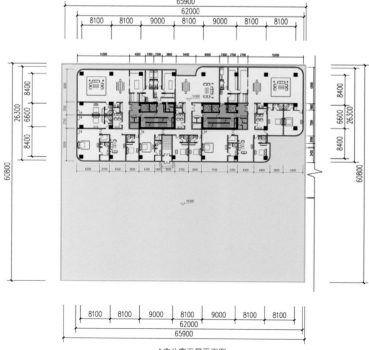

A座公寓五层平面图

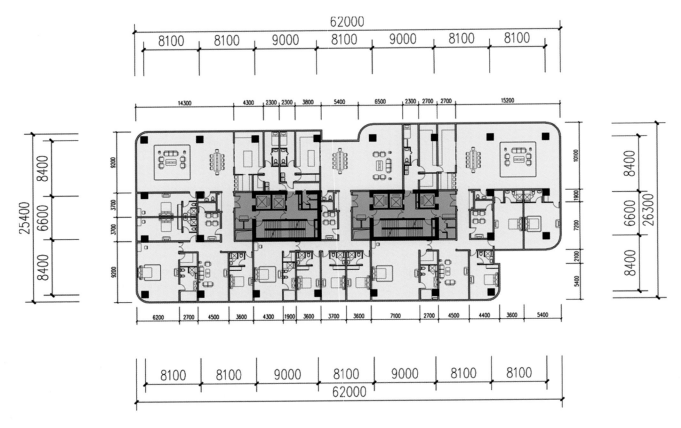

A座公寓标准层平面图

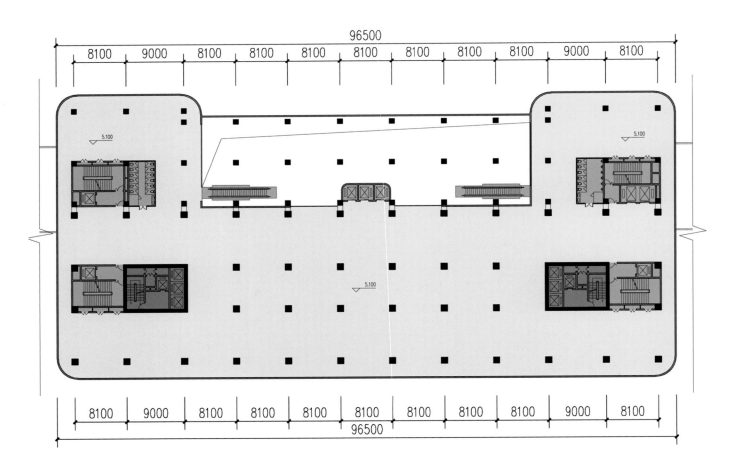

商业标准层平面图

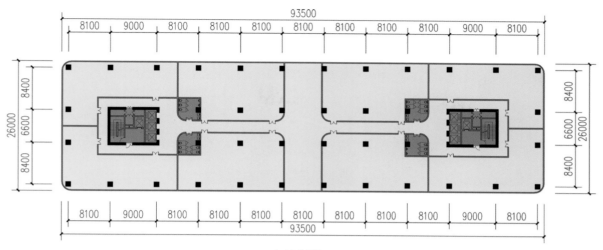

办公标准层平面图

南海信基广场

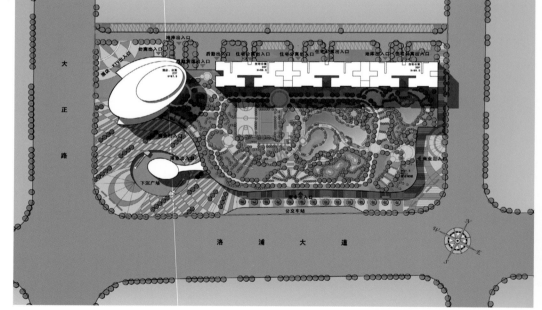

项目地点：佛山市
设计单位：广州市景森工程设计顾问有限公司
项目总负责人：李志刚
方案主设计师：许剑锋
用地面积：29 320 ㎡
容 积 率：5.0

　　该项目位于佛山市南海区九江路、大正路东侧，洛浦大道北侧。本项目用地面积29 320 ㎡，容积率最大5.0。由于处在城区洛浦大道和大正路交会处较繁华路段，区位优势良好，故拟把项目打造成为当地第一个城市综合体项目，集购物中心、住宅、公寓、餐饮娱乐、康体休闲、城市广场于一体的城市坐标。

　　本项目的设计始终具有明确的目标，设计人员希望创造出一个崭新的概念性新型都市商业综合体：对投资者具有极致吸引力；为商业价值提供最大化的销售热点；为发展商提供最优化、性价比最高的精品商业建设方案；为城市延续精神文脉，添加一道崭新的建筑风景线，提供和谐生活的美好样本。

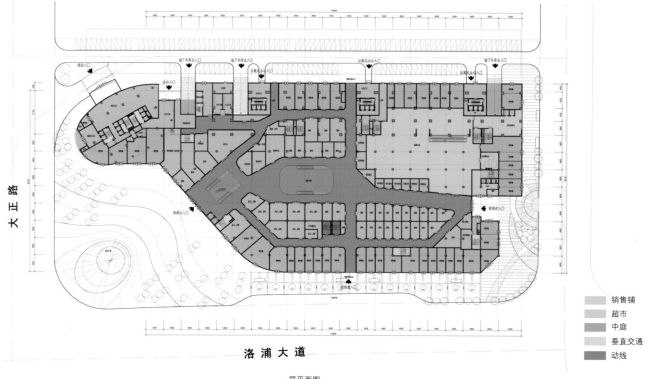

销售铺
超市
中庭
垂直交通
动线

一层平面图

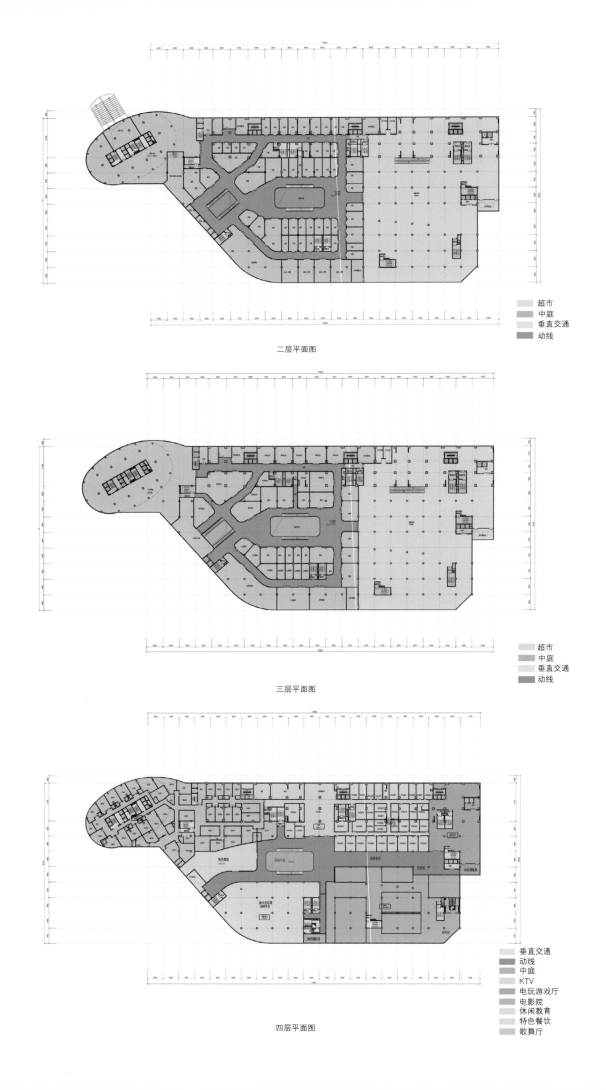

二层平面图

超市
中庭
垂直交通
动线

三层平面图

超市
中庭
垂直交通
动线

四层平面图

垂直交通
动线
中庭
KTV
电玩游戏厅
电影院
休闲教育
特色餐饮
歌舞厅

府谷海富综合体

项目地点：榆林市府谷县

设计单位：法国韦瓦建筑设计有限公司

用地面积：51 384 m²

建筑面积：229 876 m²

建筑基底面积：12 564 m²

建筑密度：24.45%

容 积 率：3.79

绿 化 率：38.50%

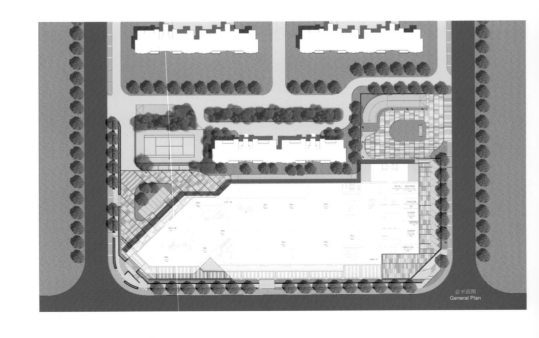

总平面图
General Plan

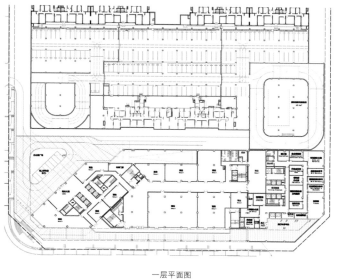

一层平面图

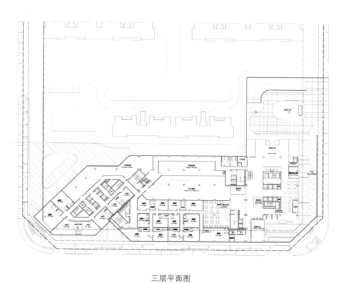

三层平面图

立面图1

立面图2

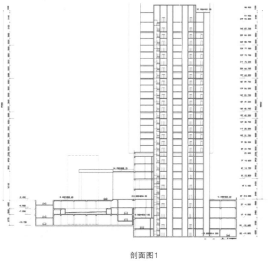

剖面图1

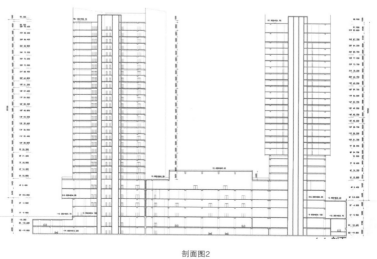

剖面图2

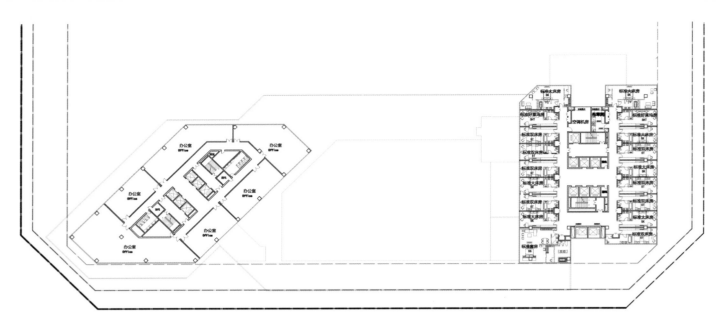

9~23层平面图

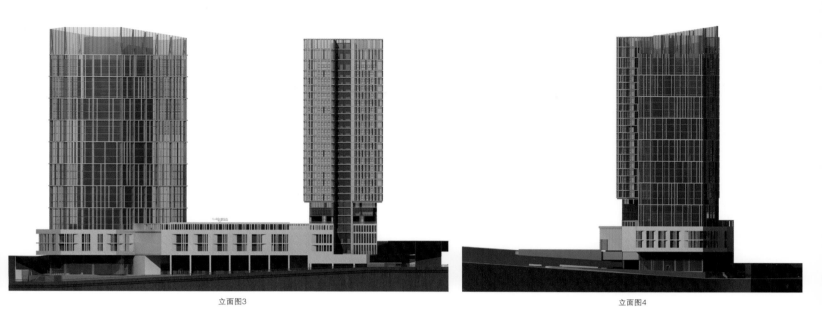

立面图3   立面图4

石家庄综合体

项目地点：石家庄市
设计单位：法国韦瓦建筑设计有限公司
用地面积：56 946 ㎡
建筑面积：112 800 ㎡

项目位于石家庄市二环路的西南边，致力于打造成为该地区的新型商业地标。从坐落方向上考虑，该方案以获得最大的采光面为目标，同时尽量减少高层建筑的阴影对周围房屋的影响。

综合体的多种功能基于首层裙房的使用。丰富的商业用途，使得该层空间更加充满活力，同时连接酒店、办公楼，还可以通过该区域到达公寓。

酒店塔比起公寓塔和办公大楼为三座塔中最高的。通过天际线以及相同的材料，使综合体达到统一。外立面上则依据使用功能的不同，以不同的方法来达到统一。外立面开放的程度取决于建筑的私密程度，这就为什么办公塔比较开放，而酒店则相对收敛，且有清晰、标志性的客房划分。

外立面的颜色使用也是基于整体考虑，从办公楼泥土的颜色渐变到酒店、住宅的黄色。通向大楼的大型坡道形成一个巨大的公共广场，连接办公和住宅部分。酒店及办公楼下方的商业部分设有中庭挑空，使得空间上更加灵活多变。

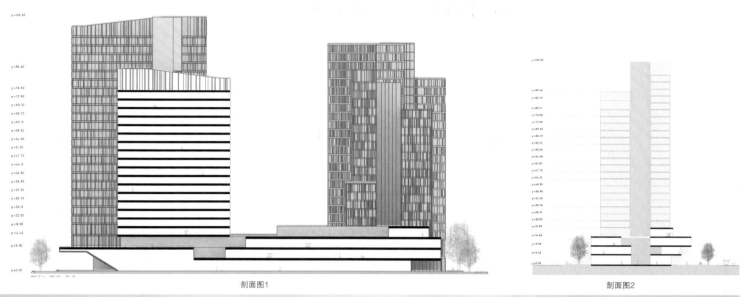

剖面图1   剖面图2

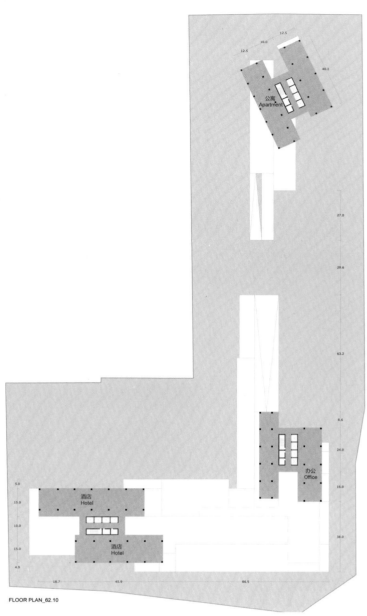

FLOOR PLAN_62.10

平面图1

GROUNDFLOOR PLAN

平面图2

东立面图

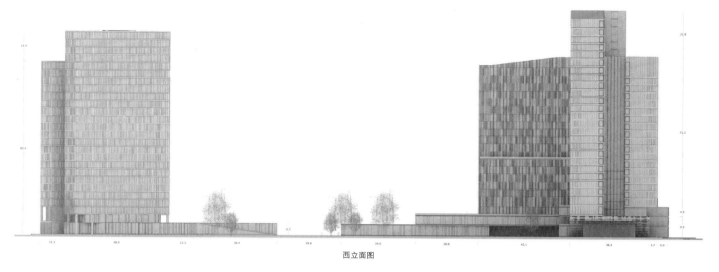

西立面图

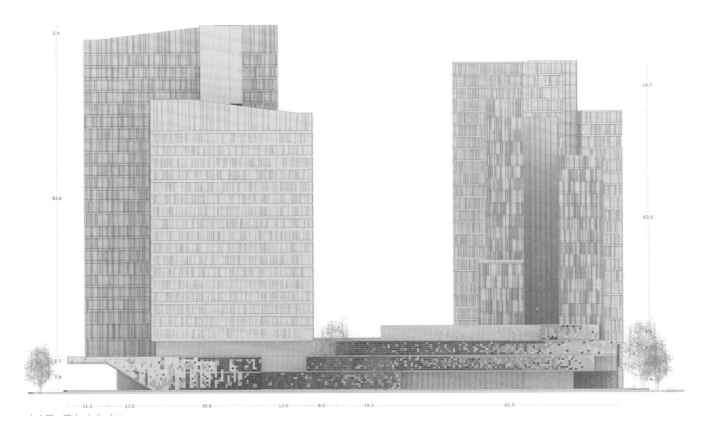

南立面图

北立面图

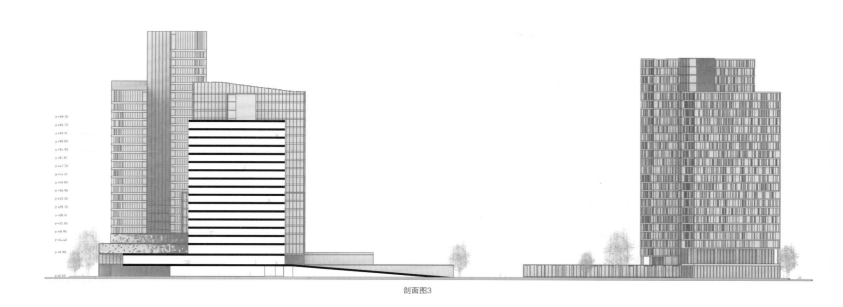

剖面图3

165

宏泰广场

项目地点：吕梁市

业　　主：山西宁远房地产开发有限公司

设计单位：上海双林建筑设计事务所

用地面积：17 996 m²

地上总建筑面积：115 318 m²

地下室建筑面积：42 271 m²

建筑密度：45%

容 积 率：6.4

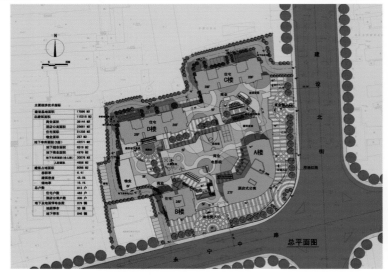

总平面图

　　宏泰广场项目位于吕梁市离石地区中心城市干道交会处，交通十分便利，地理位置优越，现址为离石汽车站，由于城市的发展，汽车站进行了整体搬迁。此位置具有得天独厚的商业氛围，是开发集购物、餐饮、娱乐、办公、住宿于一体的大型商业综合体的理想之地。项目为整体式设计，由5层商业步行街裙房、四幢27、28层的酒店式公寓与住宅构成，极富冲击力的建筑形象与独特的内部空间设计将该项目打造成为吕梁首家进行全方位服务的拥有全新购物体验的大型商业中心。

　　建筑物设计有3层地下室，主要功能为超市、机动车库和部分设备用房。步行街道曲折多变、收放自如，各体块均以廊道相系，自由变换，线条流畅的建筑形式活跃了商业氛围，增强了商业气息。内部步道栽有竹子、棕榈等树种，并布置供购物者休憩之用的休闲设施。中庭广场有通往地下室的自动扶梯，并设计有表演台，可供商家宣传及表演节目之用，大大积聚了商业人气。购物广场1层以精品商店和时尚的主力店为主，2～3层为精品服装、休闲餐饮，4层为大型餐饮、娱乐，5层为电影院。建筑立面造型具有强烈的时代气息，运用曲线及通长的水平线条，再配以动感的商业效果照明，形成丰富多彩的商业建筑气氛和空间效果，以多元化的立面设计创造体验消费的新模式。

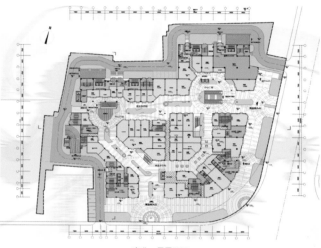

商业一层平面图

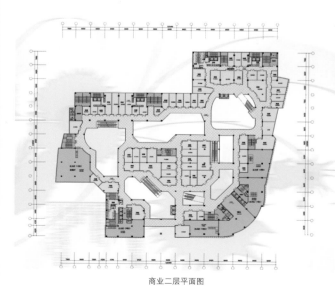

商业二层平面图

缤纷五洲商业广场

项目地点：日照市

业　　主：山东缤纷五洲商城开发有限公司

设计单位：上海双林建筑设计事务所

用地面积：19 205 m²

地上总建筑面积：57 645 m²

地下室建筑面积：28 574 m²

建筑密度：59.8%

容 积 率：3.0

　　缤纷五洲商业广场位于日照市中心城市干道交会处，交通十分便利，并且毗邻邮局、银行、百货大楼等金融、商业设施，地理位置优越，具有得天独厚的商业氛围，是开发集购物、餐饮、娱乐、办公、住宿于一体的大型商业综合体的理想之地。项目由4层商业裙房与一幢28层办公、五星级酒店主楼构成。项目凭借其极富冲击力的建筑形象与独特的内部空间设计成为日照首家进行全方位服务的拥有全新购物体验的大型购物中心。建筑师运用先进的设计思想，力求精心打造一个特有的高标准、高层次的时尚之都，成为日照市独有的地标性建筑。

　　项目设计两个商业入口，一个位于海曲中路上，另一个位于正阳路上，两个商业入口在建筑内部以曲线形玻璃顶棚的商业步行街相接，使人流具有很好的导入性和流动性，步行街节点处设计中庭，大大增强了项目的商业人气。五星级酒店及办公入口位于基地东北角，独立设置。项目在裙房屋顶布置花园绿化，设计酒店游泳池，在这稀缺之地竭尽所能营造安逸舒适的自然空间。

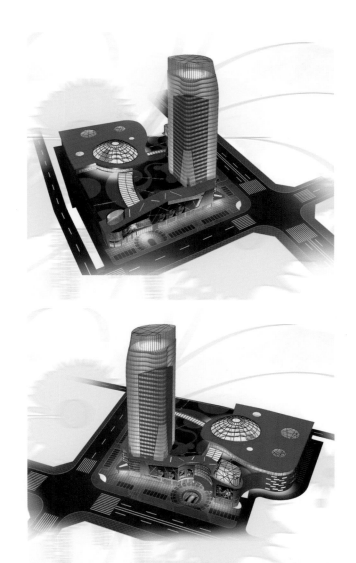

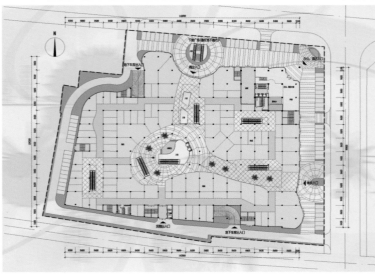

一层平面图

二层平面图

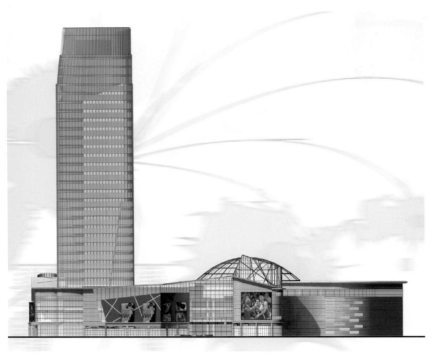

立面图1

立面图2

济南路港商业广场

项目地点：济南市
业　　主：山东路港置业有限公司
设计单位：上海双林建筑设计事务所
用地面积：29 165 m²
地上总建筑面积：87 571 m²
地下室建筑面积：35 073 m²
建筑密度：40.0%
容 积 率：3.0

　　济南路港商业广场项目，地处城市商业成熟地段，交通便捷，地理位置十分优越。地块四面均为城市要道，北为城市主干道经一路，南临经二路，东、西紧靠纬九路与纬十路，是开发集购物、餐饮、娱乐、办公、住宿于一体的一站式大型购物中心的黄金地段。

　　项目现状为早期的绿洋商品市场，市场相当成熟，人气很旺。为顺应城市的发展规划，对老市场进行整体拆迁，重新规划设计。项目分两期建设，地块东部5层商业市场作为一期，地块西面为二期，是综合型的集购物、酒店、办公、公寓式酒店为一体的大型商业中心。裙房为4层，为商业购物中心，高层主楼有3栋，A楼为沿经一路布置的15层的酒店、办公楼；地块中南部为B楼和C楼，为26层公寓式酒店；地下室为两层，地下1层设计为大型的商场，部分作为停车位，地下2层为停车库和设备用房。项目设计曲线形内部商业步行街，其间布置绿化小品，引入自然元素，以连廊走道将各部分有机连接，形成购物环境优美、路线流畅便捷的大规模购物中心。

　　立面设计力求简约、明快，大量采用了石材、玻璃、轻钢等建筑材料。建筑入口处运用了大片的通透玻璃幕墙，以形成强烈的虚实对比。色彩淡雅的花岗岩，用特殊的条形拼贴手法拼贴，体现出独特的质感和光感。建筑主体部分简洁明快，具有强烈的时代气息。建筑再配以动感的商业效果照明，形成丰富多彩的商业建筑气氛和空间效果，以多元化的立面设计创造体验消费的新模式。

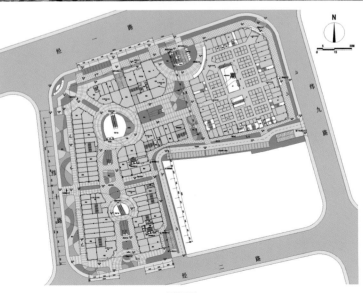

一层平面图

北美新天地时尚中心

项目地点：太原市
业　　主：山西新弘祺房地产开发有限公司
设计单位：上海双林建筑设计事务所
用地面积：15 747 m²
地上总建筑面积：103 930 m²
地下室建筑面积：22 488 m²
容 积 率：6.6
建筑密度：46.0%

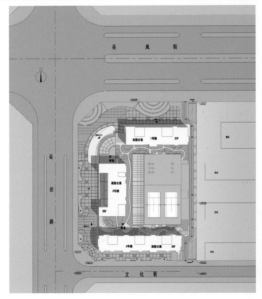

　　项目地理位置十分优越，位于太原市商业中心的黄金地段，在城市主干道长风街南侧，西临长治路。项目由裙房和三部分主要建筑体量组成：沿北边长风街的27层高级公寓、沿长治路由北至南的25层公寓酒店及地块南侧的25层高级公寓，裙房为6层高的商业购物中心。商业设计定位为高端的SHOPPING MALL，其英文原意为"散步道式的商业街"，它是集购物、餐饮、住宿、休闲、娱乐于一体的全方位服务的大规模购物中心。设计追求高水准、高品质，迎合现代消费理念，经营组合丰富，汇聚时下美食、时装、休闲、娱乐之名品、精品。北美新天地吸收了传统商业步行街的一些特点，设计内部中庭式商业步行街，引入自然阳光，布置景观绿化、休闲座椅等，让消费者徜徉在荟萃时尚、品位、经典元素的廊道中舒适地购物。

　　商业购物中心1～3层为品牌主力店、精品服饰店、西餐厅、特色茶座等；4～5层为主题餐饮一条街、SPA、KTV、休闲娱乐区等；6层为金逸影城、金钱豹大型餐饮店等。1号楼、2号楼、3号楼7～27层均为高端的公寓酒店。顶部设计了四套带空中游泳池的复式空中别墅，尽显豪华。建筑裙房屋顶为空中花园和休闲会所、网球场。这里树木掩映，在这稀缺之地营造了一个宜人的室外休憩聚会的场所。

　　立面设计力求简约、明快，建筑师大胆地运用切面构成的几何造型，突出强烈的视觉效果。商业裙房采用斜面、棱形构图，整体一气呵成。主楼玻璃幕墙和实墙体结合，采用特殊的拼贴手法，配以铝合金线脚，体现出独特的质感和光感，墙和金属百叶的准确运用，使建筑光影交错，具有强烈的时代气息。项目的建成，为太原这座城市增添无尽的生机和活力，且已成为引领时尚潮流的新地标。

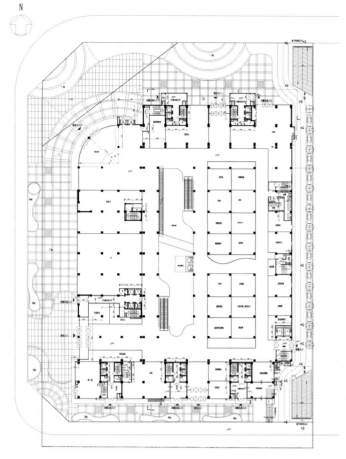

商业一层平面图

商业六层平面图

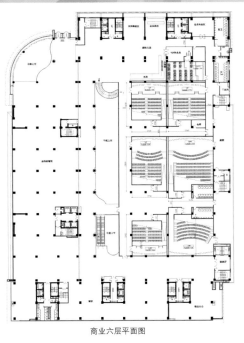

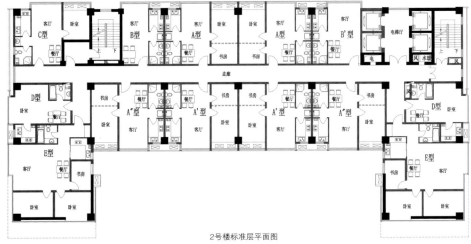

2号楼标准层平面图

伯明翰帕拉莎蒂购物中心

项目地点：伯明翰

业　　主：Warner Estate Holdings

设计单位：英国赫斯科建筑设计咨询有限公司

　　帕拉莎蒂购物中心的整修和扩建是以投入60亿英镑、位于伯明翰中心的新街出入口项目为主的。

　　这次大规模的整修与邻近的伯明翰新街火车站建立了良好的交通联系，同时也为这座城市提供了一个新的John Lewis百货商店。

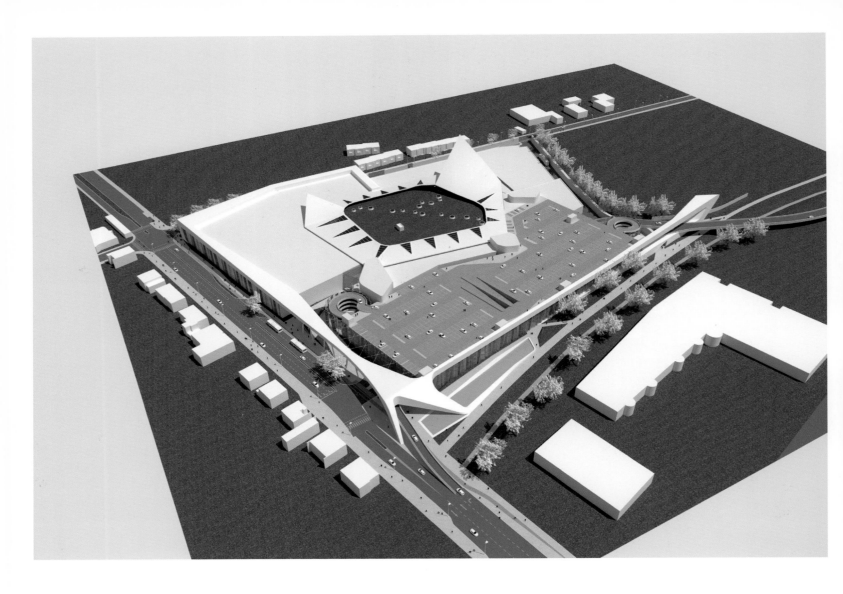

维也纳新城菲查公园

项目地点：维也纳
设计单位：英国赫斯科建筑设计咨询有限公司

    这个项目是由赫斯科通过国际竞争获得的，通过巧妙的设计使得新建的建筑与现存的建筑充分结合，形成一个整体，给客户留下深刻的印象。

    室内和外部设计以现存的购物中心为基础，将中心转化成该区域的目的地。河水的开发与利用提供了戏剧化的效果，尤其是对于那些乘坐公共交通工具或步行到达城市广场和公园的人们。

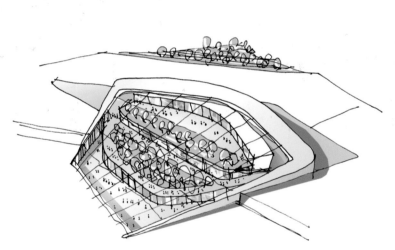

佛山市新力石头村项目

项目地点：佛山市
设计单位：深圳市瀚旅建筑设计顾问有限公司
用地面积：38 500 m²
建筑面积：300 000 m²

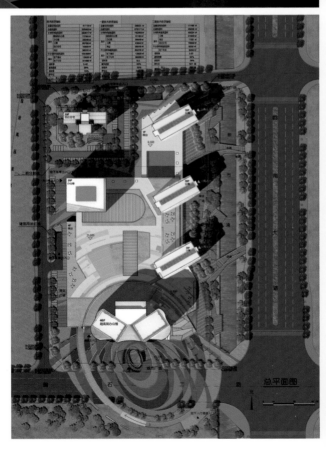

总平面图

　　该项目位于佛山市石头村，由一栋超高层和三栋公寓塔楼及两栋办公塔楼组成，超高层布置在用地南端，且位于两条主要道路交叉口。办公楼和一栋公寓楼沿岭南大道布置，其余两栋公寓楼沿地块西侧布置。

　　通过创新性、个性化的造型以及发挥规模效应目标，使本项目成为城市的地标式建筑。

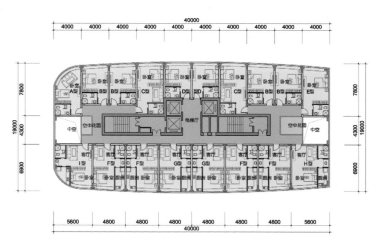

公寓标准层平面图

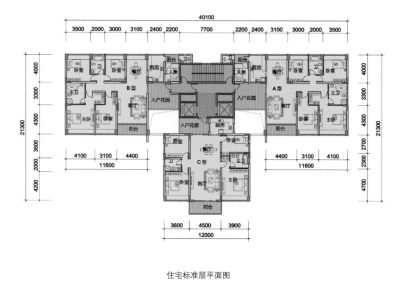
住宅标准层平面图

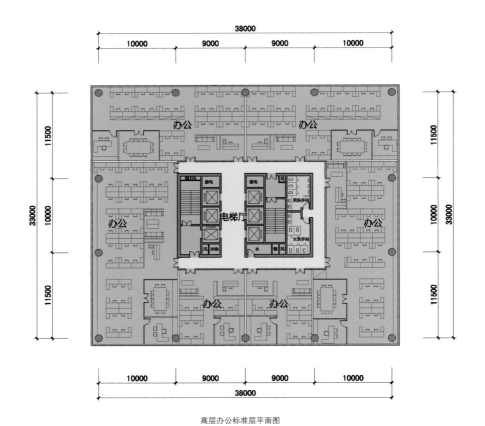

高层办公标准层平面图

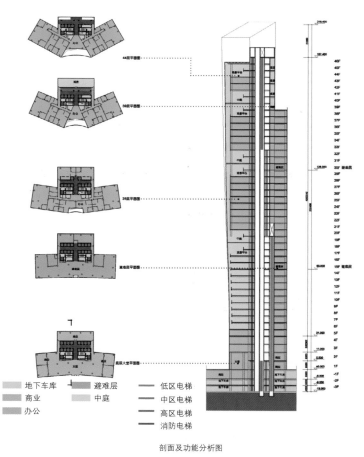

剖面及功能分析图

地下车库　　避难层　　　低区电梯
商业　　　　中庭　　　　中区电梯
办公　　　　　　　　　　高区电梯
　　　　　　　　　　　　消防电梯

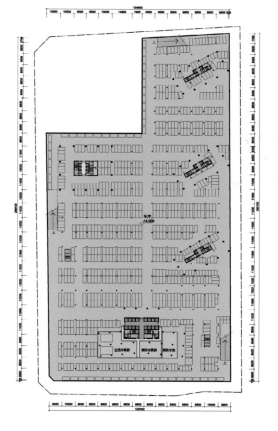

地下室三层平面图

地下室二层平面图

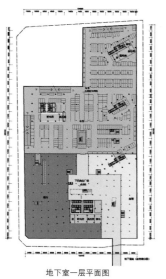

地下室一层平面图

商业一层平面图

商业二层平面图

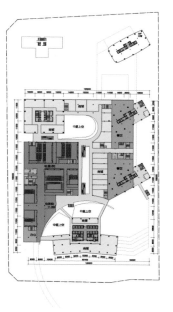

商业三层平面图

威海光威集团会所

项目地点：威海市

业　　主：威海光威置业有限公司高区分公司

设计单位：奥雅设计集团

用地面积：9 980.268 m²

建筑面积：10 494.033 m²

容 积 率：1.05

　　本项目位于威海高新区柴峰山东侧半山石窝，该区域树木茂盛，植被覆盖良好，规划为生态型彩凤森林公园。作为森林公园东侧主体建筑，设计的目标是打造一个蕴含生态设计理念、和自然融为一体的现代建筑作品。

　　考虑到柴峰山的天然地形，设计师将柴峰山的部分农业台地景观引入建筑设计之中，形成边界柔滑的台地式建筑，获得开敞的视野，此外还利用地形的高差设计出人造瀑布，凸显了建筑的自然风格。

　　设计师通过对当地民居的立面材料观察，从中汲取灵感，采用两种区别明显的本土石材，让建筑在石窝（柴峰山中被切割出来，凹陷的碗状地形）中应运而生。一种是粗糙野趣的赭石色石材，体现建筑稳重大气的一面；另一种则是平整规则的白色石材，让建筑变得飘逸雅致。

　　设计运用生态设计理念，采用太阳能感光百叶窗，感应外环境热源、光源变化，自动开合百叶，调节室内光线及室温，不仅能制造阳光透过百叶窗的美好视觉效果，也能节约能源。设计师还设计了植物生长的屋顶，除了能释放大量氧气，提供冬暖夏凉的建筑内环境之外，还能够收集储存自然雨水，循环使用在室内跌水景观、室外泳池等处，有效发挥节省水资源、保持生态平衡的作用。

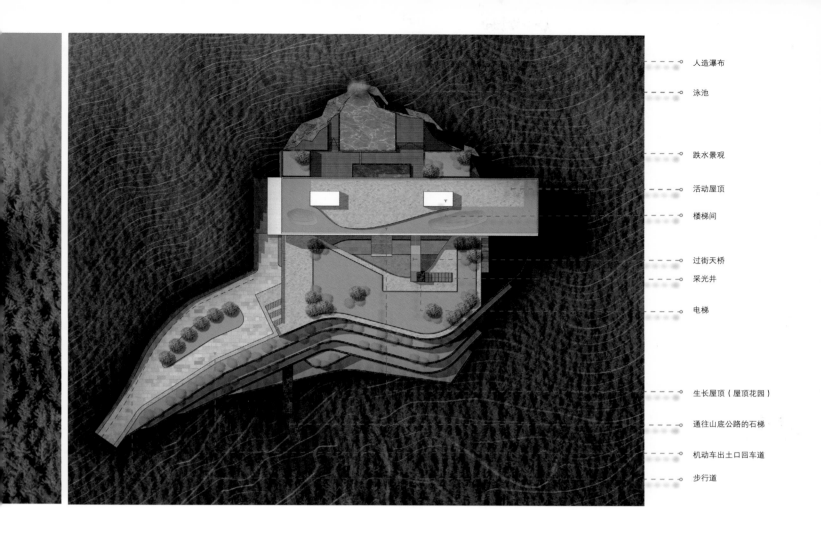

人造瀑布

泳池

跌水景观

活动屋顶

楼梯间

过街天桥

采光井

电梯

生长屋顶（屋顶花园）

通往山底公路的石梯

机动车出土口回车道

步行道

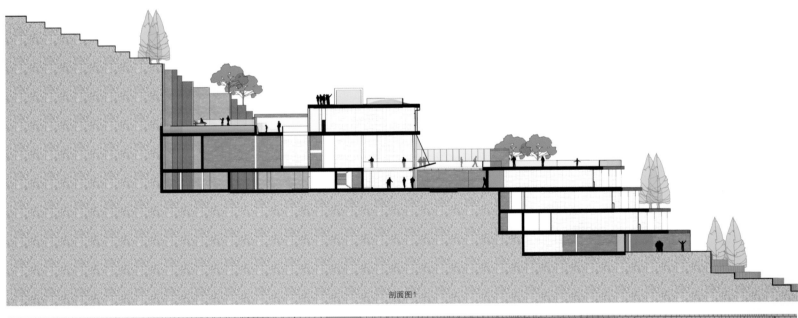

剖面图1

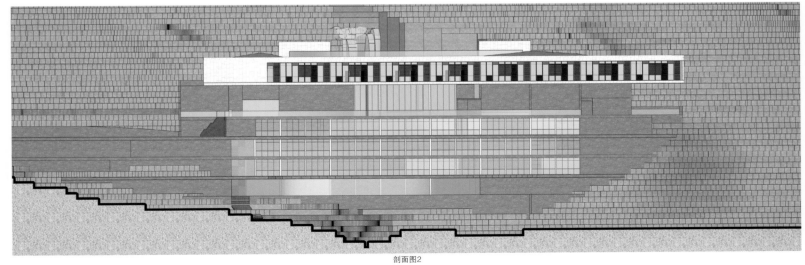

剖面图2

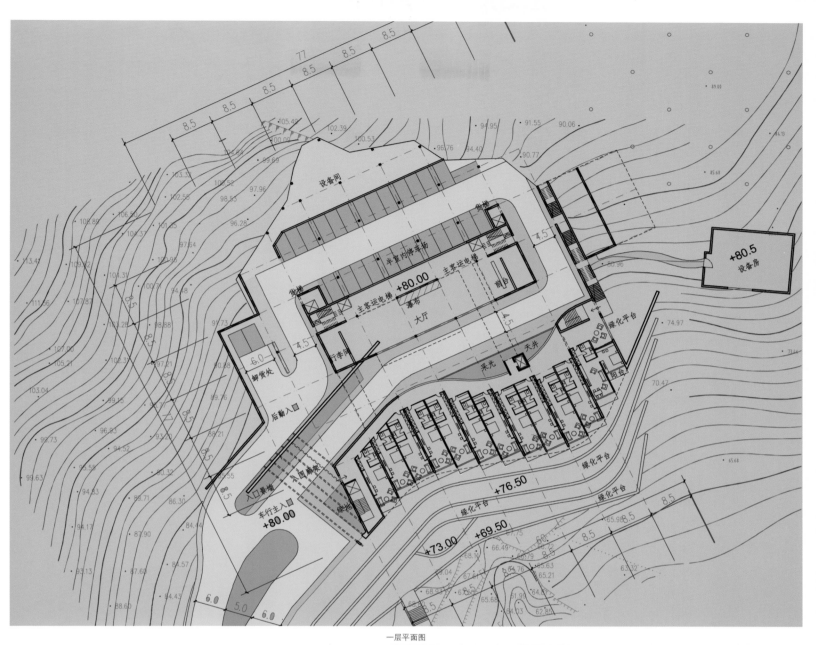

一层平面图

197

植物生长的屋顶 ——调节建筑室内温度，收集储存自然雨水，释放
大量氧气，使建筑与外环境融为一体。

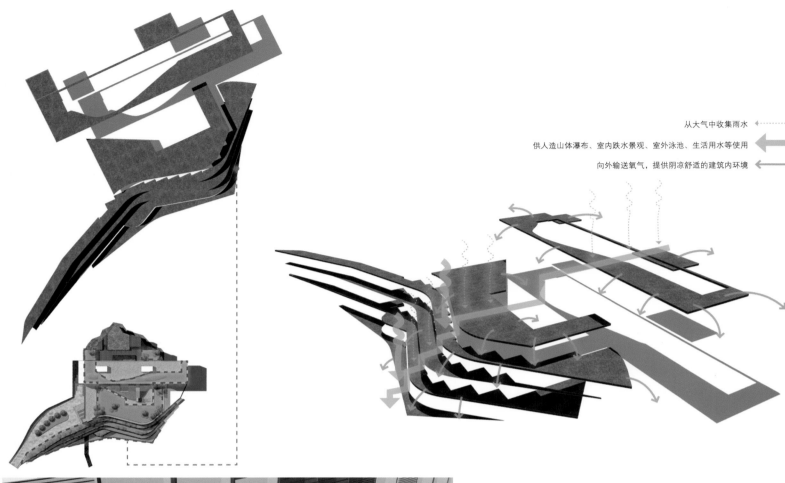

从大气中收集雨水

供人造山体瀑布、室内跌水景观、室外泳池、生活用水等使用

向外输送氧气，提供阴凉舒适的建筑内环境

太阳能感光百叶窗——利用太阳能作为动力，自动感应外环境热源、光源变化，开合百叶，调
节室内温度。

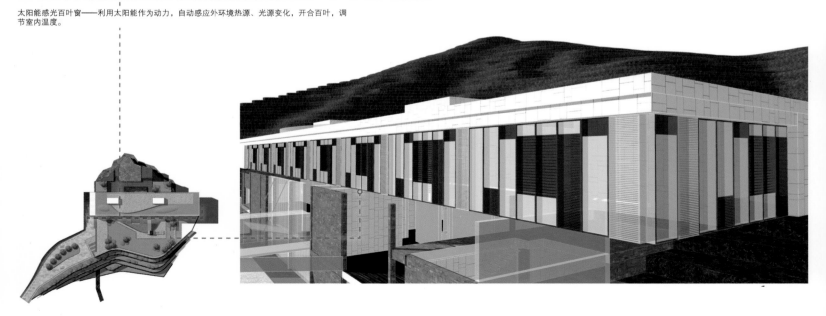

北京CDD创意园

项目地点：北京市
业　　主：北京盛玺置业有限公司
设计单位：荷兰NEXT建筑事务所
主创设计师：Johan van de Water 蒋晓飞
面　　积：150 000 m²

　　本项目位于北京南五环内大兴区西红门镇，该地是北京南郊重要的交通枢纽。投资方拟在这个环渤海经济圈的新中心地带打造一个富有创意的、建筑与空间关系独特的、便于商业开发的地标性建筑群。该地区原本一直注重农业、工业的发展，近年来开始大力招商引资实行"三、二、一"的产业结构调整，在这样的大趋势下，对大型商用空间的开发和利用就变得尤为重要。本方案外立面设计独具特色，并通过强调群体空间的变化而不是建筑高度来体现地标性。本项目已于今年开工建设并对外销售。

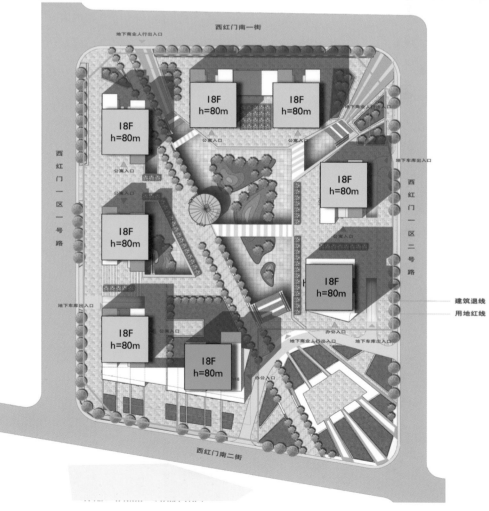

海南琼苑宾馆改造

项目地点：海口市
业　　主：广兴实业开发有限公司
设计单位：荷兰NEXT建筑事务所
设 计 师：Johan van de Water　蒋晓飞
面　　积：90 000 m²

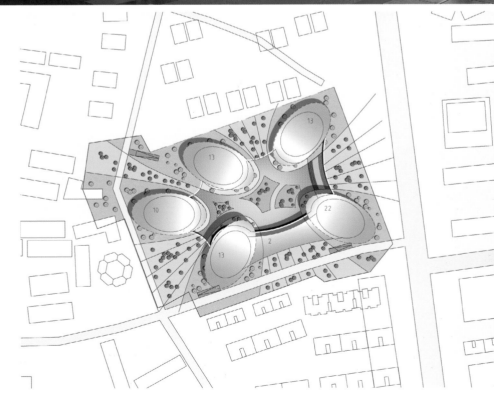

　　项目位于热带海岛度假胜地海口市的老城区，周边配套设施齐全，建设方有意将其打造成精品项目，充分发挥项目土地价值，提升物业品质，使之成为美兰区房地产市场上的代表作。通过将国际化的设计理念与文化内涵相结合，充分利用地形，创造出现代化、高品质的方案。

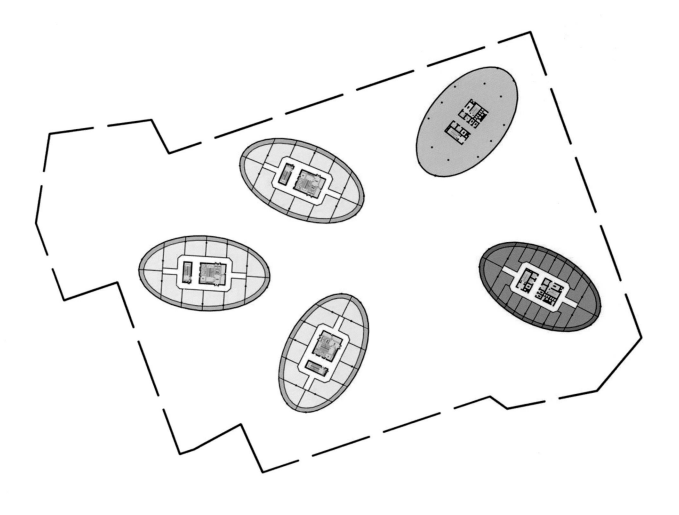

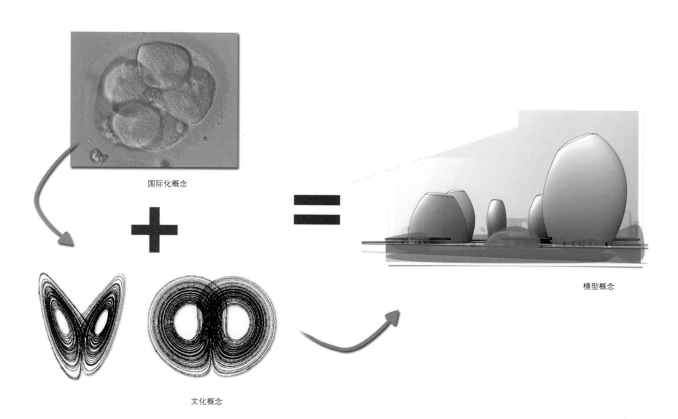

国际化概念

+

文化概念

=

模型概念

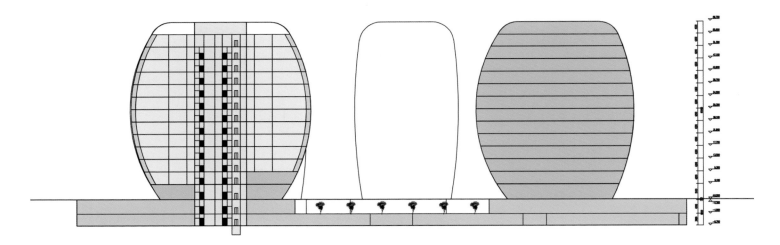

济南天地广场

项目地点：济南市
设计单位：荷兰NEXT建筑事务所
主创设计师：Johan Van de Water 蒋晓飞
面　　积：110 000 ㎡

　　济南天地广场二期工程改造项目地处济南最繁华的商业金融区，毗邻济南百货大厦、华鲁国际酒店、浦发大厦等重要建筑，拥有国际一线品牌，具有优越的地理位置和巨大的地块升值潜力。设计的目的在于创造出富有活力且具有标志性的现代建筑，同时与已有的欧式建筑相结合，在保证其风格相对独立的同时，又体现为一个有机的组合体。设计采用大面积的造型石材与玻璃幕墙相结合，整个建筑极具现代风格，前卫而又高贵，厚重且不失活泼。

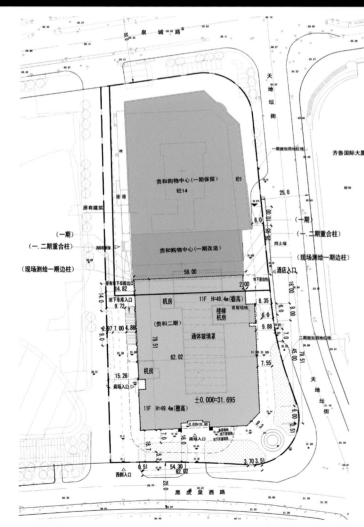

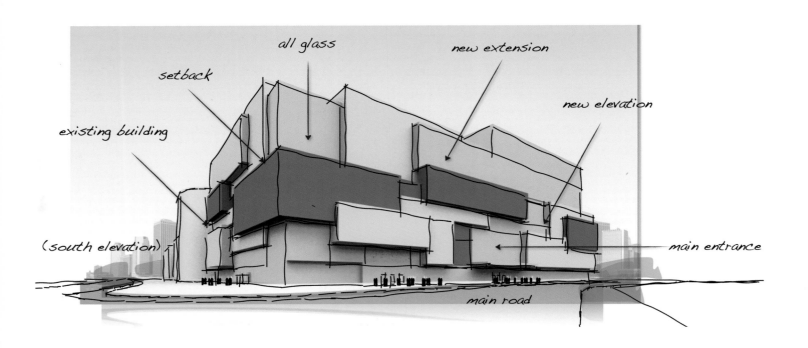

setback

all glass

new extension

new elevation

existing building

(south elevation)

main entrance

main road

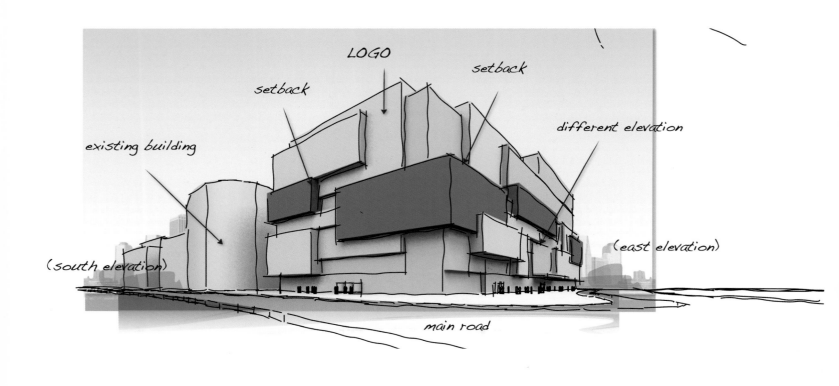

LOGO

setback

setback

existing building

different elevation

(south elevation)

(east elevation)

main road

三亚那香醍酒店

项目地点：三亚市

设计单位：荷兰NEXT建筑事务所

设 计 师：Johan van de Water 蒋晓飞

　　项目位于三亚市，距海边不到1 km，地理位置优越，场地平整，低密度的规划条件使得用地较为宽裕，可以设计更多的开放休闲空间。设计从三亚的地域特色出发，以帆船和贝壳为设计理念，用竖线条无收边设计体现出休闲度假的特点，同时也与三亚原生态相契合，创造出独一无二的建筑形象。

保定未来石城市商业综合体

项目地点：保定市

设计单位：艾麦欧（上海）建筑设计咨询有限公司

用地面积：91 756.7 m²

建筑面积：57 752 m²

容 积 率：4.499

绿 化 率：9.65%

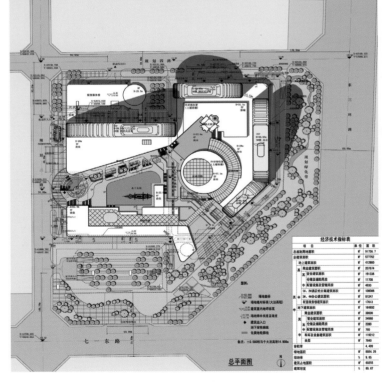

总平面图

　　本案设计理念着眼于超越符号化层面的标志性，在城市格局上整合完善了新城区环湖商务中心，顺应时代潮流，立体复合地延续了生态空间，更新了城市形象与活力；更重要的是创造性地发挥了业态组合的经济效力，将城市生态、文化、经济等功能片断重新组织，打造工作、生活与游乐的舞台，与已有的生态、艺术殿堂形成互补，从城市场景上承接本区域文脉，并且通过提供多样的业态组合，聚集商务中心成立所必需的人气，形成以人为本的群体地标。

　　建筑整体线条流畅，用简洁的"圆弧"作为基本元素加以变化，建筑风格简约又带有感性柔美的一面。高层建筑外立面用色简洁明快，虚实对比强烈，充满现代感。在建筑尺度上做了精心处理，高层区设计着眼于区域文脉，避免引发与大剧院的"地标争夺战"，避免高层对公共设施的压迫；高层与剧院在形态上相辅相成，相得益彰，共同营造环湖新型商务中心。四栋板式建筑以充满未来感的圆润自然之态诠释东方古韵，为空旷的东湖增添丰富而明快的天际线。

　　设计从多角度对项目进行分析研究，重新审视隐在次序，探索传承地域文化的非表象化、非符号化的可能性；在增强市民归属感，制造顾客向游客转变，用项目带动人群聚集的同时，力求放大机遇，促进区域经济的再次腾飞。

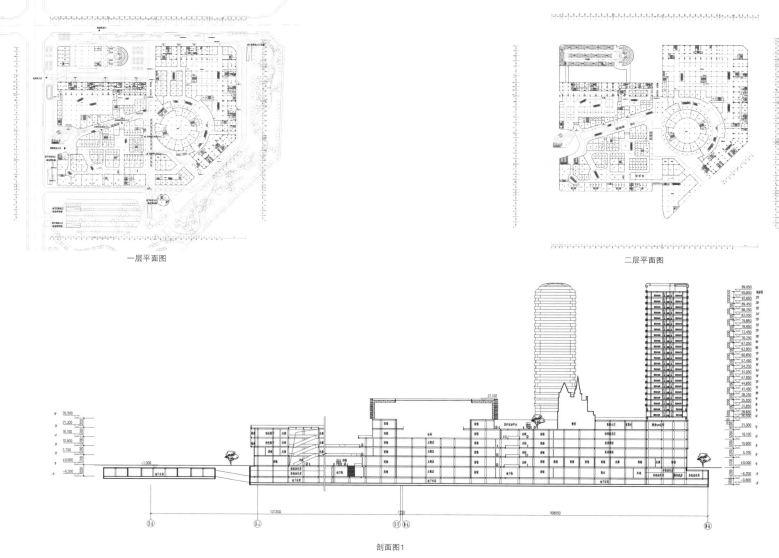

一层平面图

二层平面图

剖面图1

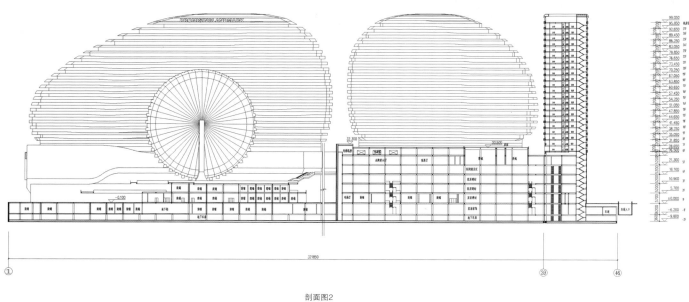

剖面图2

三层平面图

四层平面图

立面图1

立面图2

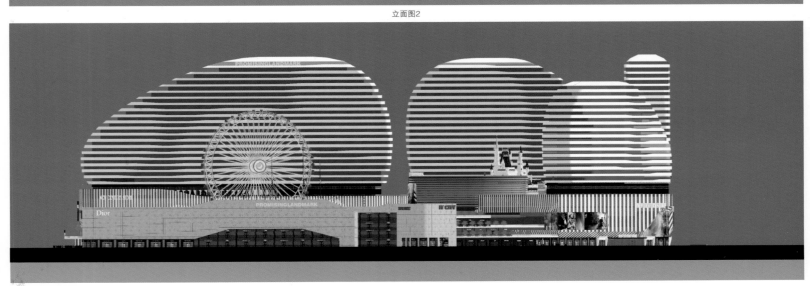

立面图3

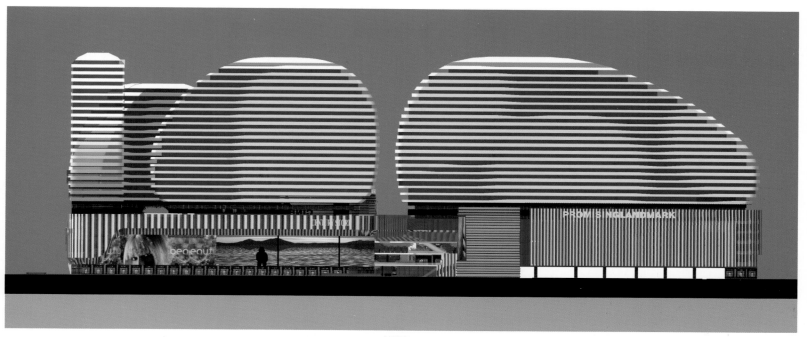

立面图4

余姚银泰世界

项目地点：余姚市
业　　主：中国银泰投资有限公司
设计单位：艾麦欧（上海）建筑设计咨询有限公司
用地面积：109 667 ㎡
建筑面积：232 440 ㎡
容 积 率：2.12

　　余姚银泰项目是由中国银泰投资有限公司投资兴建的一个城市综合型项目。银泰百货集团作为其下属公司以"传递新的生活美学"为理念，以年轻人和新型家庭为主要顾客群，定位于中高档的零售商品，为顾客提供一流的购物体验。

　　余姚银泰项目位于余姚市中心区域，距市中心约3 km，周边有较多成熟住宅区，交通便捷，生活配套成熟，区位价值提升空间大。基地南临四明西路，东临开丰路，北接沈闸河，西侧为自然河道。基地之优势在于周边有成熟的高档居住社区，比邻两条城市主干道，离市中心很近，交通的通达性良好，北侧的沈闸河经过治理后成为本案独特的景观资源。

　　本案作为新开发的综合型项目，主要涵盖商业地产开发、居住开发及办公开发三个方面，其中又以商业地产开发及居住开发为主。商业地产是地产与商业的结合。也就是说，地产开发要满足商业需求，是商业与地产开发的无缝结合，可以说是从选址、商业定位、业态组合、招商推广、工程管理到运营管理全过程的结合。同时随着时代的变革，人们心理需求的提高，商业地产也随之发展变化，开发越来越趋向于主题化，比如日本的

Namba Park、博多运河城；新加坡的Vivo City；中国的苏州圆融时代广场、南京的水游城等等，都是各具主题、风格独特的商业地产项目。本案也希望通过增加"板块主题因子"的方式达到项目主题化的目标。

　　当代的商业建筑由于利益的驱使，不可避免地被厚重的混凝土包裹起来，人群除了单调的逛街活动，很难在其中感受到别样的氛围。而对于本案这样一个综合体型的项目，如果只是简单地把居住和商业冰冷地分割开来，无疑浪费了双方优良的资源。

　　如何让身在其中的人们感受到居住的悠闲，环境的舒适？如何让居住在此的人们感受到繁华的街区，热闹的气氛？这就是设计师要解决的问题。

　　设计师将"公园"作为崭新的因子植入商业综合体和居住两大功能之间，减少商业和居住之间不利的影响，赋予商业空间全新的购物模式，将自然融入购物之中，创造出特殊的购物体验。

　　同时居住的环境得到大大的改善，脚下的商业既是方便的购物休闲场所，也是城市中的绿洲。

玺悦城商业项目

项目地点：西安市

业　　主：南昌时代广场置业有限公司

设计单位：艾麦欧（上海）建筑设计咨询有限公司

用地面积：41 593.54 ㎡

建筑面积：124 780.62 ㎡

容 积 率：3.0

绿 化 率：30%

非传统商业模式的"公园型"商业

通过分析，可以得出决定本案主题商业的几个要素：动线与业态组合、城市与自然、"水·游"主题。

在动线组织上，设计师在传统的平面动线上引入一条"立体步行"动线，将"平面变成山脉"，从而有效地提升了二层以上的可售价值，同时模糊了"层"的概念，拾阶而上，增加了人的购物乐趣，让客人从单调的购物模式中解脱出来，激发对购物空间的探索。

如何将基地的自然资源与城市商业有效结合？便利性的有效距离是0.5 km，步行可达到的范围是1 km，超市便民车的最长距离是5 km。在3~5 km的车行圈内有多处既有商业。所以，作为商业中心辐射范围不确定。茶余饭后散步的有效距离是1 km，约会、朋友聚会等的有效距离是1~3 km，周末一家三口郊游的有效距离是5 km；而且，附近没有公园和大片绿地。所以，作为公园的辐射范围很明确。

非日常性的商业模式

　　它不像传统购物中心那样，将顾客引入封闭式的购物区，而是将商业区、餐饮区与自然和开放空间完美地融合在一起，让人们能够享受在公园中漫步、参观、购物、娱乐的多重乐趣，让购物成为一种"经历"。

　　商业，需要强大吸引力的体验式购物，使客源更长时间地停留购物；需要向城市展示它的广告界面。主题公园，需要更贴近日常生活的功能，以吸引更广泛的人群；需要向城市展示它的独特休闲氛围。这两种功能空间都需要对城市展示它们强烈的风格和个性。利用澄碧湖的自然资源结合项目主题设计，以"水·游"文化为该项目的一个品牌，通过一系列主题商铺、游乐馆、餐厅的设计整合主题资源。通过自我构筑，打造独一无二的"花园城购物中心"。

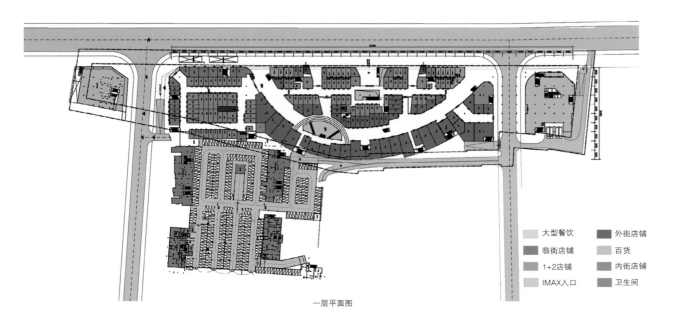

	大型餐饮		外街店铺
	临街店铺		百货
	1+2店铺		内街店铺
	IMAX入口		卫生间

一层平面图

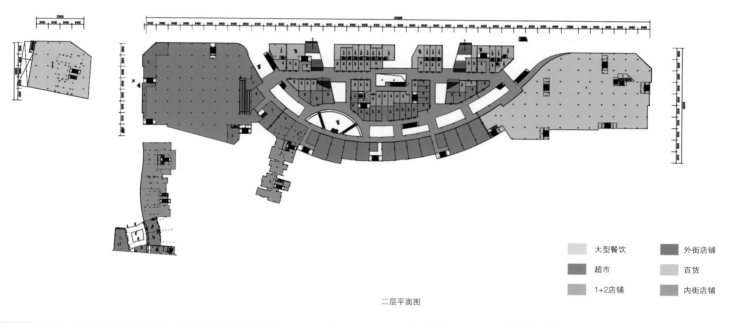

大型餐饮　　　　外街店铺

超市　　　　　　百货

1+2店铺　　　　内街店铺

二层平面图

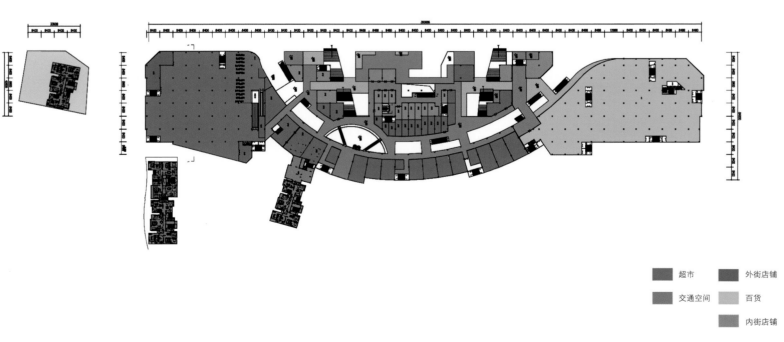

三层平面图

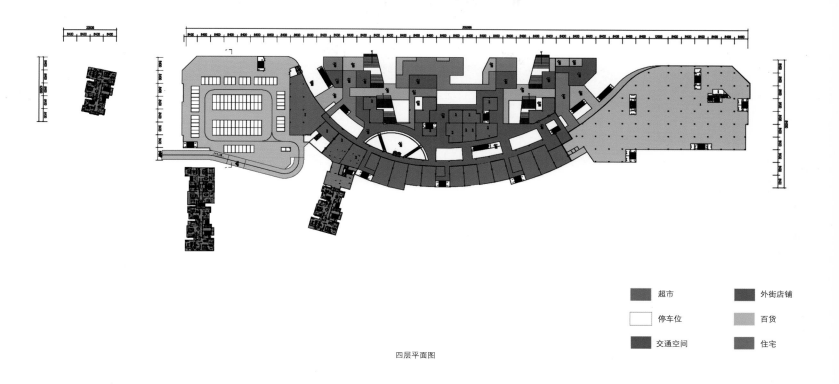

四层平面图

- 超市
- 停车位
- 交通空间
- 外街店铺
- 百货
- 住宅

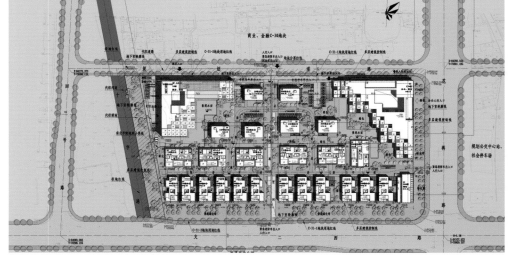

杭州西溪壹号

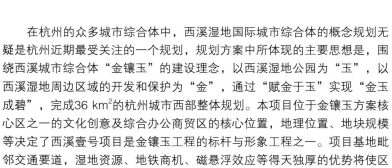

项目地点：杭州市
设计单位：艾麦欧（上海）建筑设计咨询有限公司
用地面积：47 249 m²

在杭州的众多城市综合体中，西溪湿地国际城市综合体的概念规划无疑是杭州近期最受关注的一个规划，规划方案中所体现的主要思想是，围绕西溪城市综合体"金镶玉"的建设理念，以西溪湿地公园为"玉"，以西溪湿地周边区域的开发和保护为"金"，通过"赋金于玉"实现"金玉成碧"，完成36 km²的杭州城市西部整体规划。本项目位于金镶玉方案核心区之一的文化创意及综合办公商贸区的核心位置，地理位置、地块规模等决定了西溪壹号项目是金镶玉工程的标杆与形象工程之一。项目基地毗邻交通要道，湿地资源、地铁商机、磁悬浮效应等得天独厚的优势将使区块内的企业办公及商业层次有质的飞跃。

项目规模

用地总面积：47 249 m²，其中C-31-1地块面积26 605 m²，C-31-2地块面积20 644 m²。规划控制容积率1.2，地上建筑面积不大于56 698.8 m²。

建筑密度不大于35%；绿地率不少于35%；南半侧建筑限高控制在黄海高程20 m以内，北半侧建筑限高控制在黄海高程28 m以内。

项目设计简介

1.设计定位——与西溪湿地和谐共处

项目延续西溪湿地的整体格调并对其功能进行补充，功能定位为办公、酒店和餐饮。其中办公主要定位为创意办公、总部企业会所；酒店定位为创意型特色酒店；餐饮定位为个性化品牌餐饮。

2.设计理念——模糊化的城市界面，使湿地效应最大化

目前，由于城市快速路不可避免的存在性和西溪湿地周边地块不合理的开发模式，导致城市与西溪湿地之间形成了生硬的界面，阻碍了湿地效应的延展。站在城市设计的角度，从西溪湿地出发，物理性地延续和移植西溪湿地景观到本地块中，并进行提炼和提升；同时以人的行为体验为支撑，模糊化西溪湿地与城市的界面，建立一种新的秩序，为湿地周边同类地块开发提供一种新的可能性并延展、产生西溪湿地效益，同时将其最大化，以此为大西溪区建设贡献一份力量。

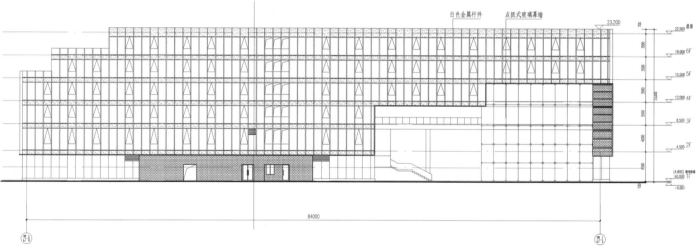

白色金属杆件　　点抓式玻璃幕墙

立面图1

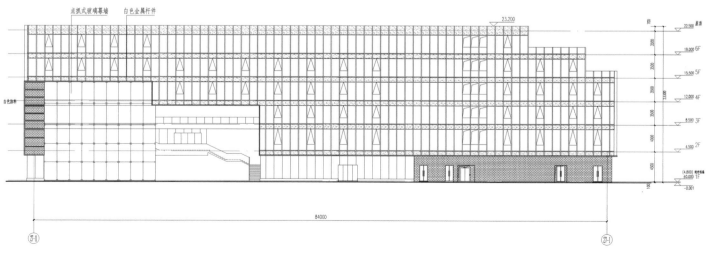

点抓式玻璃幕墙　白色金属杆件

立面图2

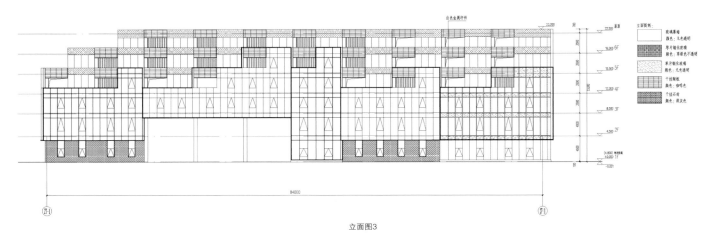

立面图3

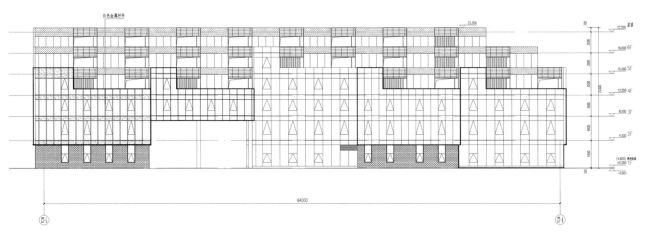

立面图4

一层平面图

二层平面图

四层平面图

五层平面图

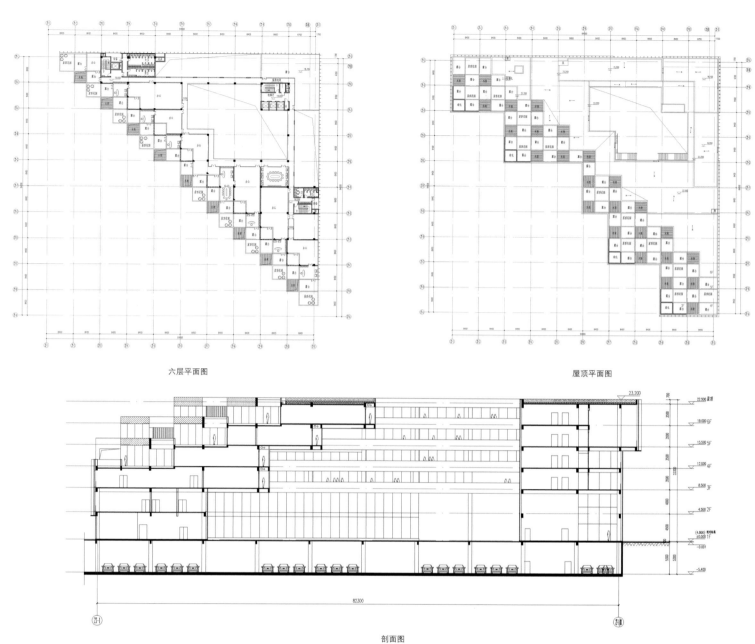

六层平面图

屋顶平面图

剖面图

西安水晶SOHO

项目地点：西安市
业　　主：西安高新地产开发公司
设计单位：艾麦欧（上海）建筑设计咨询有限公司
用地面积：13 333 m²
建筑面积：80 900 m²
容 积 率：6
绿 化 率：35%

　　本项目位于西安高新开发区，两条主要道路交叉口处，基地周边处于尚未开发完善的状态，力图通过此项目的建造建立地标性建筑，来带动基地周边的活力，吸引人流。

　　本案低层为商业区，上层为SOHO办公区，力图创造一种不同的办公模式。通过对基地的分析，首先在底层打造一条内街，提升基地内部的商业价值，并布置沿街商业。办公部分通过两个斜向交会的塔楼相连，在中段设计大型悬挑层，形成空中大厅，并布置各种展示、休憩、商业设施，形成多功能用途，使办公塔楼具有地面层和空中层两种不同形态的玄关，并提供更多的交流空间。塔楼南北面因倾斜自然形成退层平台，使办公空间更具观赏性和趣味性。

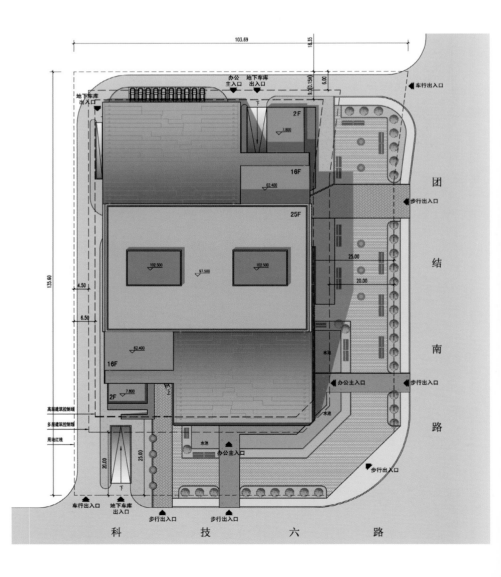

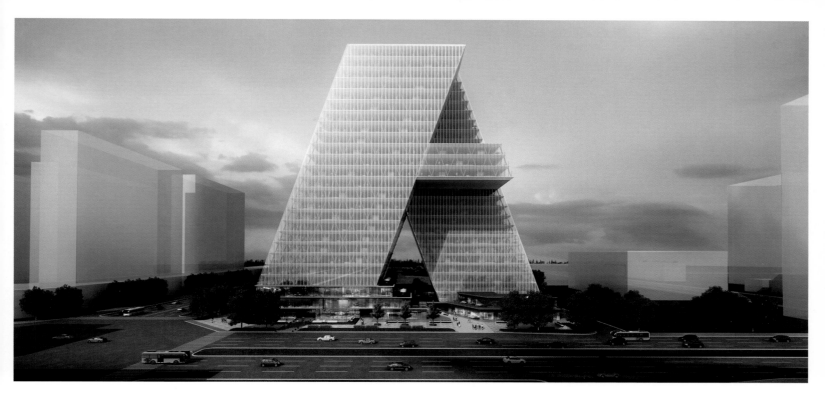

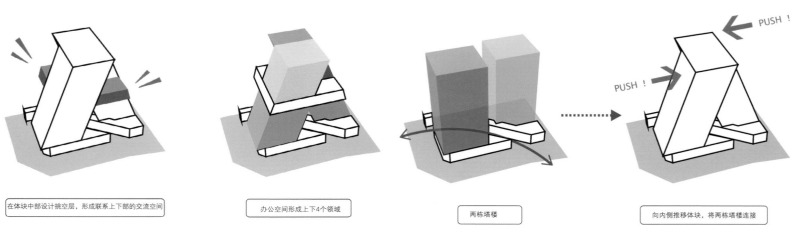

在体块中部设计挑空层，形成联系上下部的交流空间

办公空间形成上下4个领域

两栋塔楼

向内侧推移体块，将两栋塔楼连接

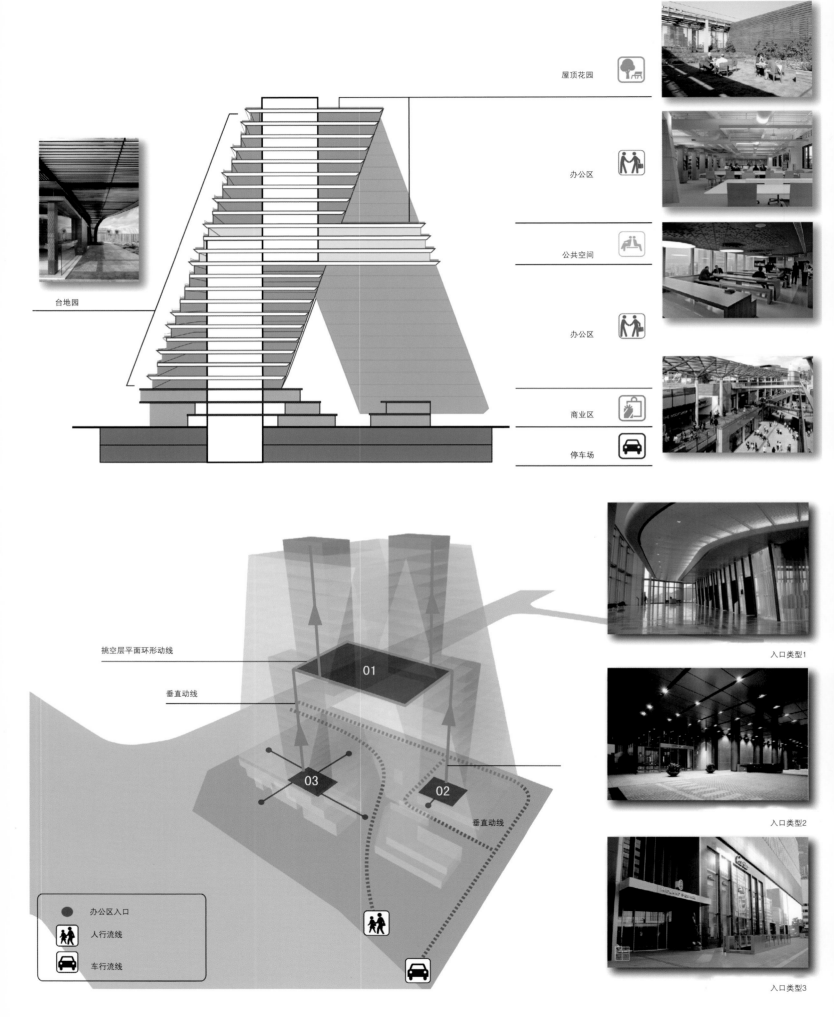

台地园

屋顶花园

办公区

公共空间

办公区

商业区

停车场

挑空层平面环形动线

垂直动线

01

03

02

垂直动线

办公区入口

人行流线

车行流线

入口类型1

入口类型2

入口类型3

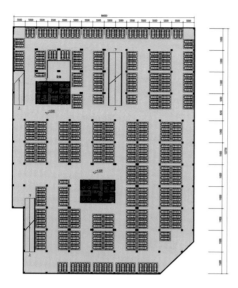

地下一层平面图

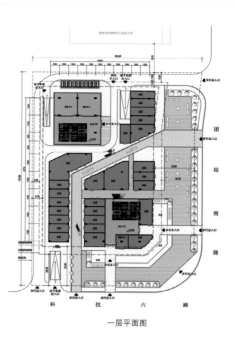

一层平面图

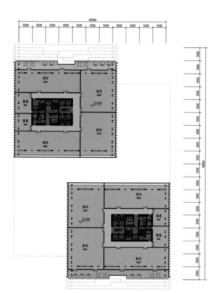

七层平面图

十五层平面图

博瑞·最世界

项目地点：成都市
业　　主：成都博瑞房地产开发有限公司
设计单位：艾麦欧（上海）建筑设计咨询有限公司
用地面积：95 086.7 m²

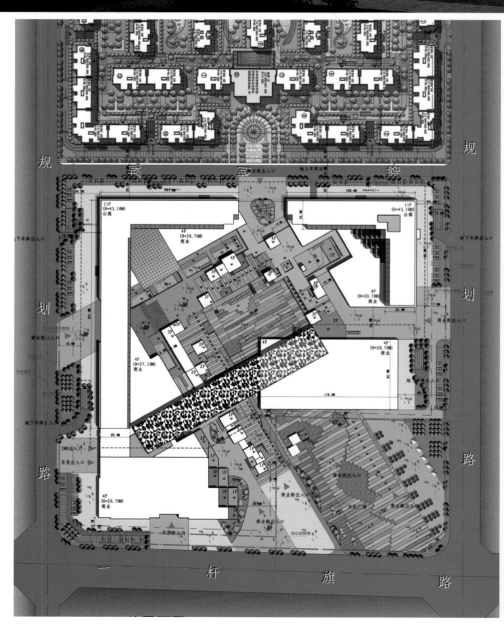

　　博瑞·最世界是由成都博瑞房地产开发有限公司投资兴建的城市综合型商业设施项目。

　　项目位于成都市双流新城开发区的最北侧，距离成都市中心约16 km，离双流国际机场约15分钟车程；项目西侧为白河防护绿化带，西北角为集商务、会议洽谈、休闲健身于一体的四川国际网球中心项目；南侧为星慧集团投资的五星级酒店。纵观成都的整体发展方向，本案正好处于成都西南富贵之地。

　　用地南、北向为规划道路，西侧为紧临城市绿轴的白河路，东侧为一杆旗路；东北角有约16 000 m²的公共绿化用地，其中一期已建成了两栋商业设施。

　　作为一个新开发的综合型商业项目，设计师首先要思考的是其作为中心所能辐射的范围内有多少潜在消费客群，并且这样的消费客群构成关系如何，成都人的消费、生活习惯如何；其次，对于这样一个超区域型的综合型商业项目，作为设计师应该赋予其什么样的主题。

　　当代的商业建筑由于利益的驱使，不可避免地被

厚重的混凝土包裹起来，人们除了单调的逛街活动，很难在其中感受到别样的购物氛围。而对于本案这样一个综合型商业项目，设计的构思是希望将"立体生态购物公园"作为崭新的主题因子植入其中，减少商业对环境的不利影响，对商业空间赋予全新的购物体验，将自然融入购物之中，创造出特殊的购物模式。

将"平面变成山脉"是实现"立体生态购物公园"这一理念的主要手段。通过立体化的公园向基地内部逐渐延伸，可以使精品商业在不同的标高上错落有致地分布，打破了常规的动线体系，有效地拉动二层以上的商业价值，让人们在"一步一景一购物"的环境中享受休闲购物的乐趣。人们拾阶而上，随着视觉的变化，可感受公园的独特魅力。

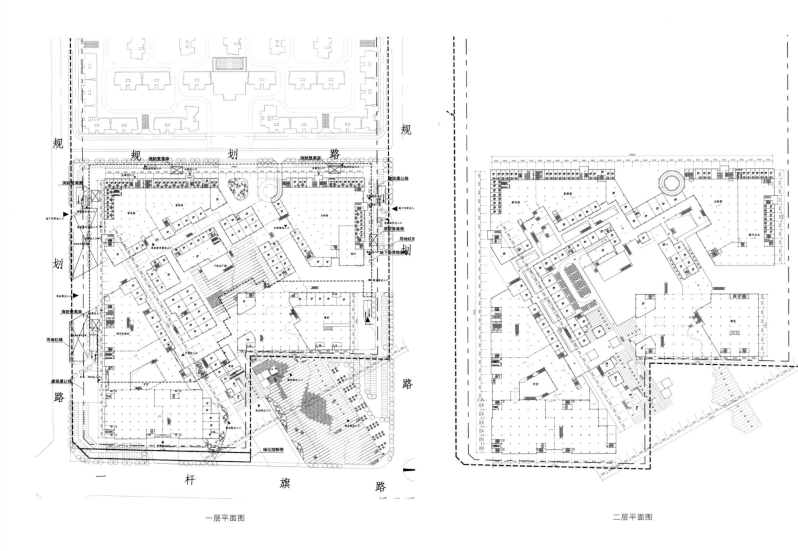

一层平面图   二层平面图

三层平面图

四层平面图

正荣金融财富中心

项目地点：莆田市
业　　主：正荣集团
设计单位：艾麦欧（上海）建筑设计咨询有限公司
用地面积：199 998.6 ㎡
建筑面积：719 465.8 ㎡
容 积 率：3.6
绿 化 率：30%

总平面图 1:10

正荣金融财富中心位于木兰溪之北，莆田新城区中心，是一个占地199 998.6 ㎡的综合开发项目，而木兰溪则是串联整个新城中心的主要文脉。设计师将一个150 000 ㎡的商业及娱乐中心作为"金融财富中心"项目设计规划的中心焦点，同时还有近370 000 ㎡高档住宅、100 000㎡酒店式公寓/SOHO、40 000 ㎡五星级酒店和40 000 ㎡甲级办公楼建筑综合体，项目结合购物、生活和工作设施，集多元化及便捷性于一体，并与木兰溪自然美景相呼应，正荣金融财富中心注定将成为一个充满活力的都市目的地。

本案设计理念着眼于超越符号化层面的标志性，不但在城市格局上整合完善了莆田新城商务中心，并且顺应时代潮流，立体复合地延续了生态空间，更新了城市形象与活力；更重要的是创造性地发挥了业态组合的经济效力，将城市生态、文化、经济等功能片断重新组织；打造工作、生活与游乐的舞台，打造莆田市"一溪二岸新名片"，并且通过提供多样的业态组合，聚集商务中心成立所必需的人气，形成以人为本的群体地标。

通过对商业开发的认识及业种业态的了解，在项目规划中设计了一条商业动线，这是一条充满了主题性的商业街，商业街将乐活、时尚、品位、优享、安逸五大元素融合于一体，将会带给莆田市民一种休闲、时尚、精致的全新购物体验。正荣金融财富中心方案设计强调汇聚，使本场所成为人与人、人和商品交织在一起的空间。采用铝板群与玻璃组合成张弛有度的线条肌理，作为统领全局的造型元素进行立面设计，使整个建筑群具有丰富的立面层次和光影变化，同时也给夜景照明设计创造了很好的条件。

有目共睹和进展迅速的莆田开发使该城市进入了一个崭新的阶段——一个国际参与和国际认可的阶段。正荣金融财富中心项目旨在体现这座新城市的最高标准，同时全面顾及现有条件。该项目将创造一处令人向往、充满活力的人群聚集场所，在增强市民归属感，促进顾客向游客转变，用项目带动人群聚集的同时，力求放大机遇，促进区域经济的再次腾飞。

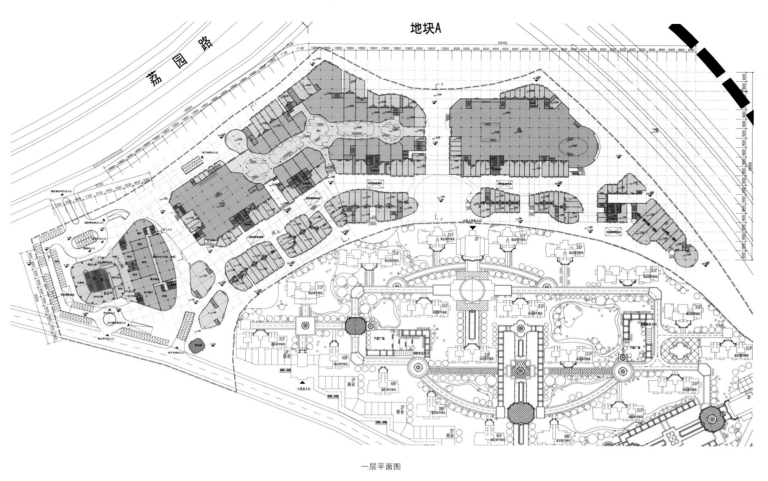

一层平面图

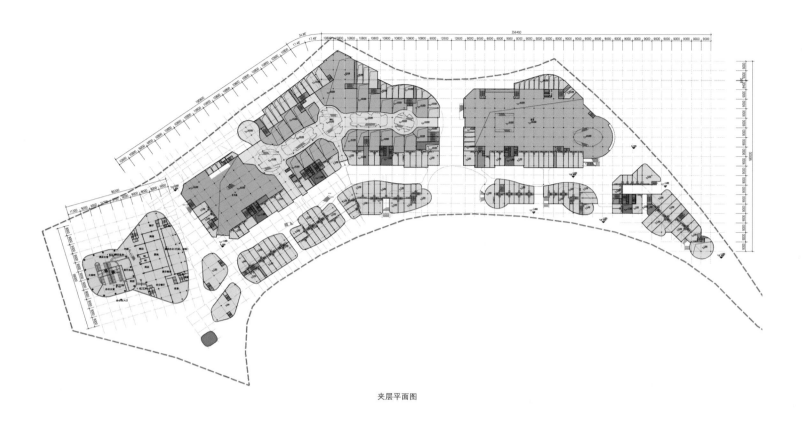

夹层平面图

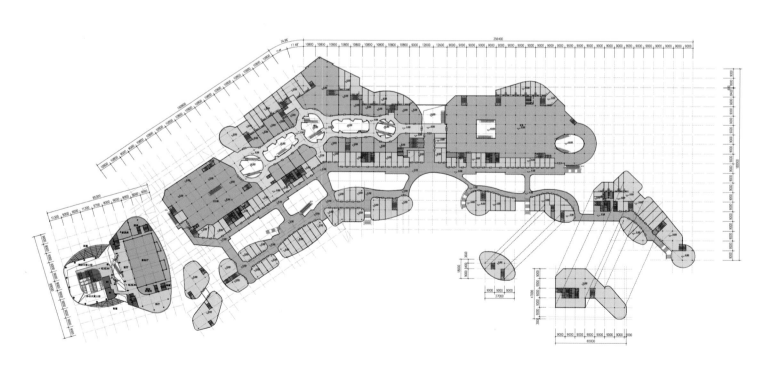

二层平面图

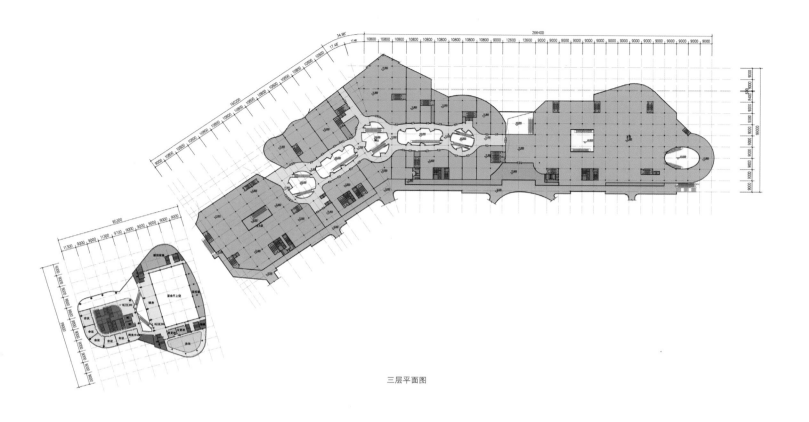

三层平面图

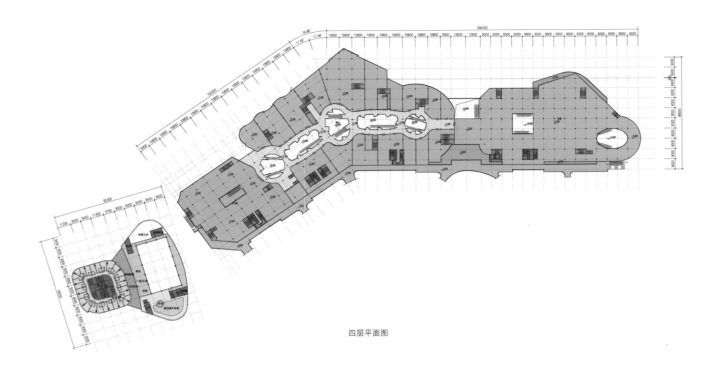

四层平面图

重庆百年汇

项目地点：重庆市

设计单位：艾麦欧（上海）建筑设计咨询有限公司

用地面积：20 360 m²

建筑面积：265 722 m²

容积率：11.7

绿化率：20%

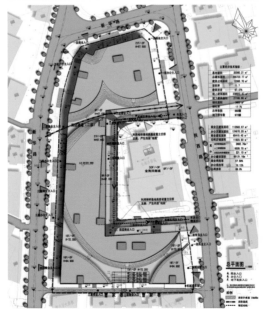

项目基地位于重庆市渝中区朝天门地区，东临陕西路，西邻西华路，南侧隔曹家巷与朝天门商场相邻，东侧有金海洋商场。基地的东、西、北侧均为现有的城市主要干道。

基地南北长约 248.2 m，东西宽约 127.2 m，东西方向最窄处52.9 m。整个基地呈南北向C字形态布置。基地的最南侧的地面标高与最北侧的地面标高相差16 m。

本工程为集商业及办公功能为一体的综合楼。地面21层，地下2层；其中1层为底层，2~3层为吊层，4层为平顶层。1~9层为商场，10~21层为办公用房；地下2层均设置地下停车场。

商业价值最高的部分是沿街面。根据人们日常行为的基本模式，设计师在基地内创造了新的人行购物路线，从而大大增加了沿街面店铺的数量。并且该人行购物路线将建筑基地东西两侧的城市主要干道——陕西路、新华路相连。

离主路最远的部位相对而言就是商业价值最低的场所，也就是基地中央。所以设计师将新的人行购物路线设置在基地中央，并且设置几个小中庭以提升局部商铺的商业价值。

这样的设计构思形成了现在这个外似封闭，其实内部却有丰富空间内涵的购物空间。

本设计的总平面的最大特点是用足金海洋基地存在的商业与交通机会，既有效引导基地的商业人流，又可以减少建筑商业部分所需的疏散楼梯。

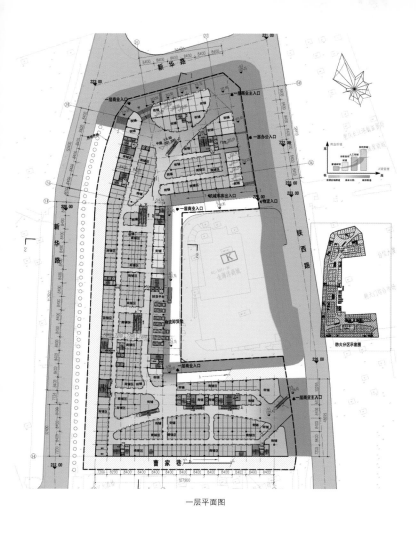

一层平面图

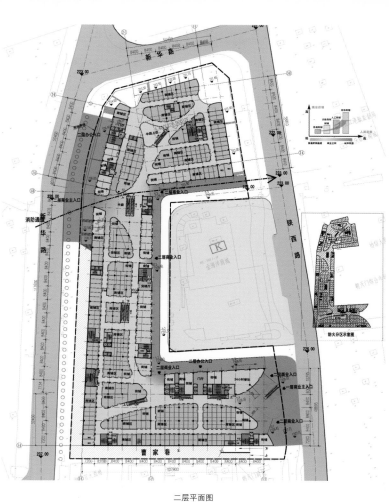

二层平面图

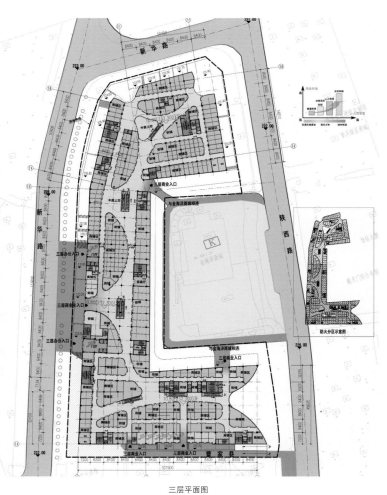

三层平面图

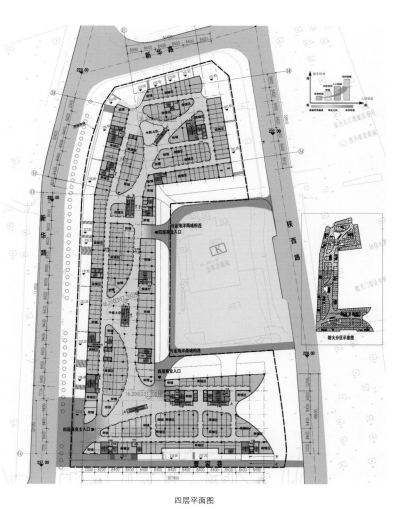

四层平面图

253

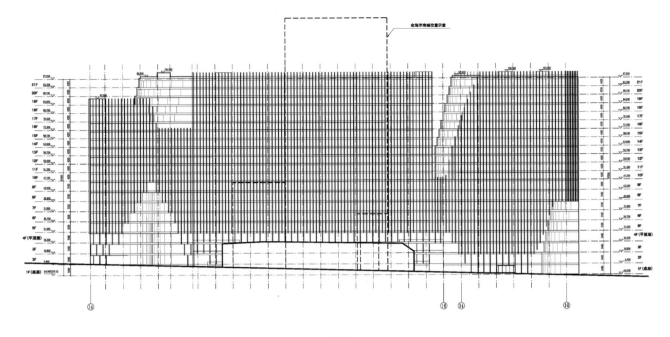

立面图1

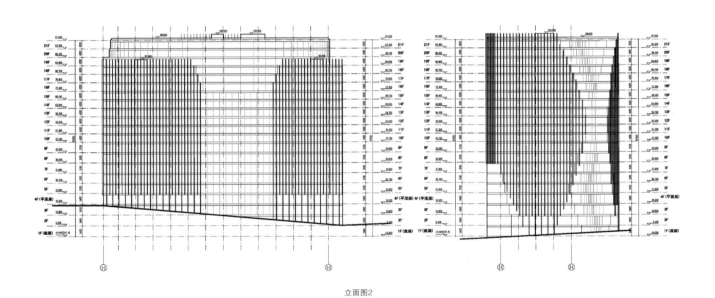

立面图2

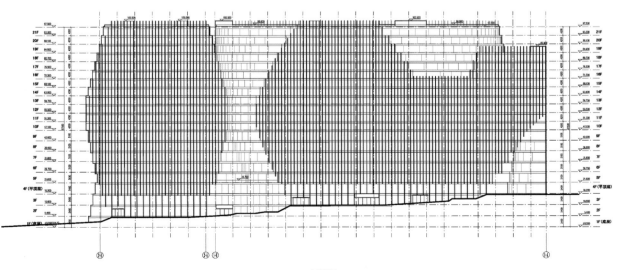

立面图3

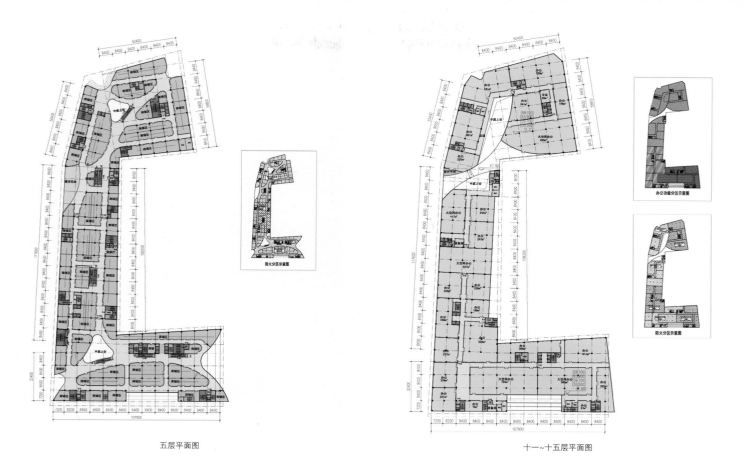

五层平面图

十一~十五层平面图

西丽宝能城

项目地点：深圳市
设计单位：深圳市津屹建筑工程顾问有限公司
用地面积：99 867.1 m²
建筑面积：810 184.03 m²

　　西丽宝能城地处西丽大学城区域内，留仙大道以北，塘岭路以东，塘开路以西。紧邻地铁二号线塘朗站，交通十分便利。用地北侧为南方科技大学用地，南侧隔留仙大道为深圳地铁项目。西丽宝能城项目依托于代表深圳未来的国际化的深圳大学城带，有着得天独厚的区域优势。项目用地东西连接西丽片区及龙华片区，又紧邻南方科技大学、深圳大学等大学城区及科技园区，中小户型面对高级技术人员和IT工作者，而大户型以其舒爽的园林环境和开阔的景观视野对二次置业者形成强大的吸引力，时尚前卫的外观以及独特的总体规划亦是迎合了此类客户群的追求而确定。

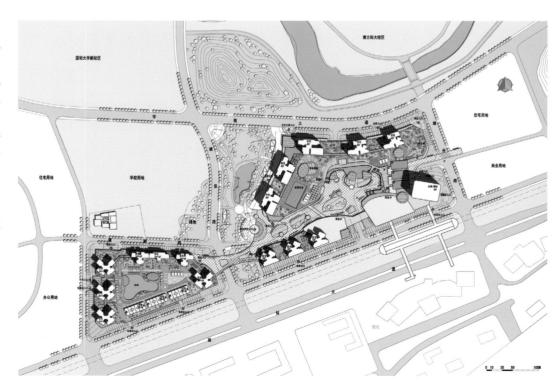

立面图1

立面图2

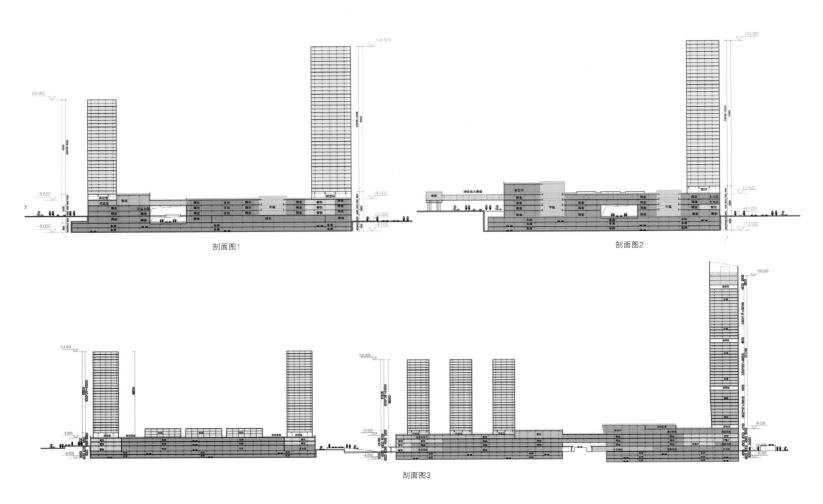

剖面图1   剖面图2

剖面图3

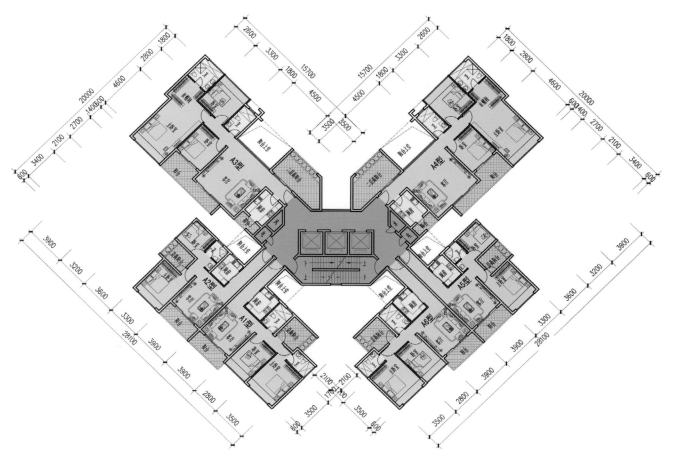

A栋户型标准层平面图

天津银河商业中心

项目地点：天津市
业　　主：天津城投集团
室内设计单位：HPA 海波建筑设计事务所
设计人员：吴海青 张 琪 周乔莉 张一帆 戚少立
建筑设计单位：美国TVS建筑设计事务所
施工图设计单位：天津市建筑设计院
建筑面积：360 000 m²

随着中国城市经济的快速发展，超大型商业综合体这一建筑形态正逐渐在中国的一线城市出现。天津银河商业中心地处天津重要城市地标——天津文化中心广场内，与天津歌剧院、博物馆、美术馆、图书馆围湖而建。商业中心360 000 m²的超大体量在目前中国一线城市的大型商业体中居首位。其室内设计在如何把控多样性、趣味性与统一性和完整性的平衡，以及对超大中庭空间的处理方面对设计团队提出了极大的挑战。

以主题空间的形式对四个中庭做出情景处理

从体量上说，银河商业中心360 000 m²的超大体量等于将四个大型商业中心集中布置。四个大型中庭的设置与椭圆形、环形购物通道的布局方式使得购物路线相对便捷合理。为呼应本项目"银河中心"的主题，特将四个大型中庭命名为"大地"、"星空"、"日辉"、"明月"，在地面、天花的设计上围绕四个主题进行充分演绎，特色鲜明，文化感强烈。

以统一的、全局的系列化边缘处理解决不同主题的空间过渡

在超大空间体量内进行分割并以不同主题进行室内设计时，较易出现各自为阵、连接部交接生硬的问题。在本项目的开始阶段，室内设计团队就对此做出了统一考虑和设计手法上的协调安排，对各种边缘处理、交接处理以及本项目设计中大量使用的自然生态的弧线线形，均做了统一安排。因此从一个空间步入另一个空间时有新鲜感而无生硬突兀感。室内设计团队基本由大局感较强的建筑师组成也成为本设计完整性的保障。

以新颖的主题化的天顶处理形式和特殊设计的大型灯具的组合，来解决大型中庭空间上玻璃天棚的结构外露和过多天光问题

在项目前期方案阶段，各方均对大型中庭空间上方外露的钢结构的美观问题以及大型玻璃天棚所带来的天光过于强烈的问题提出了解决需求。设计团队经多轮方案比较和深入的技术研究，提出了在原有钢结构下另设主题和图案均不同的轻型薄膜结构的方案，配合大型灯具，较为成功地解决了美观和柔光的问题。最大的地球厅上方的彩色地球仪图案薄膜，是在室内空间的首次运用，效果独特壮观。

以室内大型垂直音乐水帘、四季花园、音乐艺术表现等手法增加室内空间的文化性、趣味性和艺术性

为增加这一大型商业中心的文化性、趣味性和艺术性，在不同中庭空间内增设了艺术表演区，在地球厅内还利用层层叠落的中庭扶手边缘设计了目前尚未在商业空间中出现过的大型叠级音乐水帘，与该处的四季厅构成了舒适的休息观赏场所，既满足消费者在这一超大商业体内可能疲劳而短暂休息的需求，又吻合了为商业体尽量吸引和争取人流，尽可能留住客流的商业功能需求。

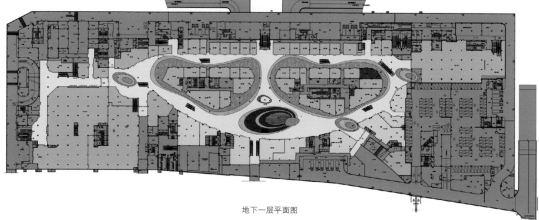

地下一层平面图

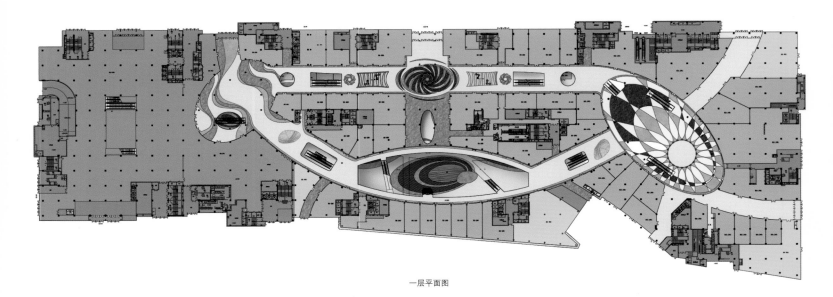

一层平面图

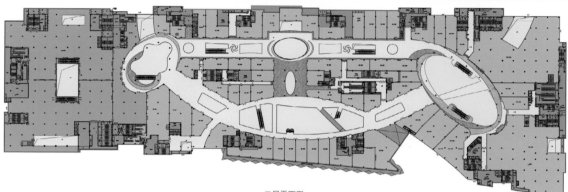

二层平面图

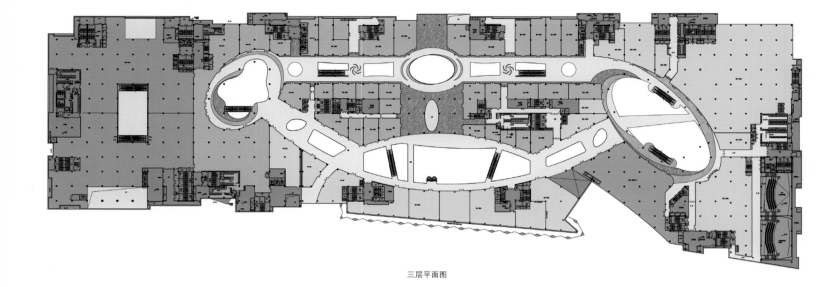

三层平面图

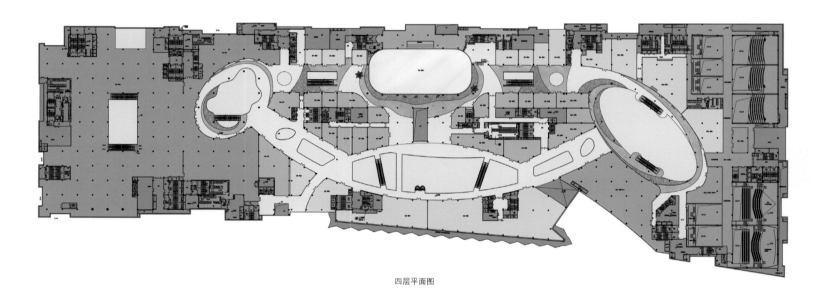

四层平面图

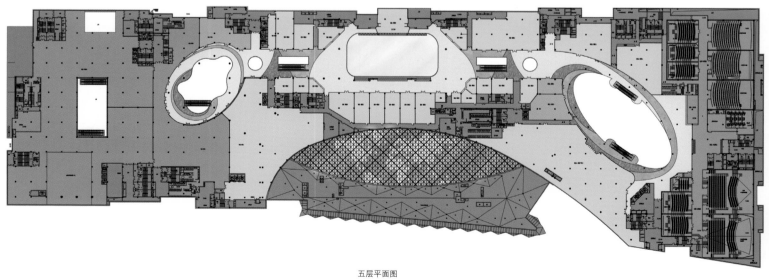

五层平面图

沈阳东北世贸广场

项目地点：沈阳市
设计单位：北京维拓时代建筑设计有限公司
建筑面积：340 000 ㎡

沈阳东北世贸广场位于沈阳市金融商贸开发区内，地上部分由一栋260 m高塔、两栋100 m高塔及裙房组成。裙房为七层，主要功能为写字楼、酒店、公寓、商业区；地下部分为三层，主要功能为汽车库、商业及设备用房。本项目为超高层城市综合体，是改造项目。

项目主塔楼的设计灵感来自皇冠的造型，用幕墙和钢节点来演绎新古典风格，将古典的华贵高雅与现代的精致美好结合起来，力图达到时尚优雅且内敛含蓄的项目气质。玻璃幕墙的骨架外翻即形成屋顶的造型，造型和结构合二为一，同时使玻璃幕墙面向室内的面更易亲近；延展的玻璃展现出轻盈飘逸的气质，精致的节点体现出技术的精湛；重点部位的照明设

计更使得建筑在沈阳的夜景中熠熠生辉。商业部分比例上采用具有典雅美学特征的三段式分割原则：以石材为主，配以玻璃幕墙和金属细部节点，形成现代精美、简洁大气、富有人性细节的商业感受。三段式的立面构成既有美学上的考虑，同时也吻合商业各层的功能属性：一至二层设橱窗或广告位及出入口，立面为深色石材配以精致金属logo，两层高的玻璃面形成整体式展览空间，在近人尺度营造现代、细腻、典雅的商业氛围；三至六层立面以浅色石材墙面为主，配以灯饰等装饰性构件，以其完整性作为整个项目庞大体量的基座；七至八层采用玻璃幕墙的形式，作为商业基座和高层主体之间的过渡。

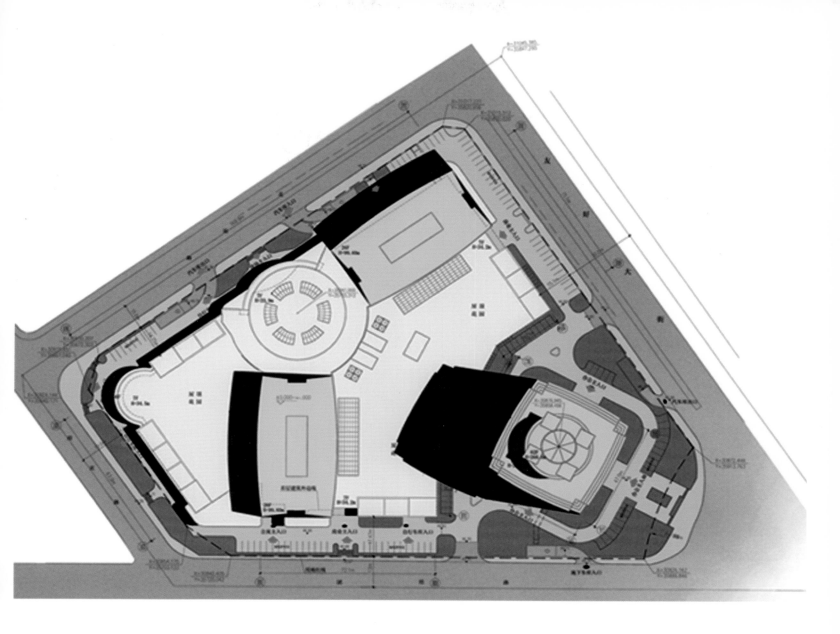

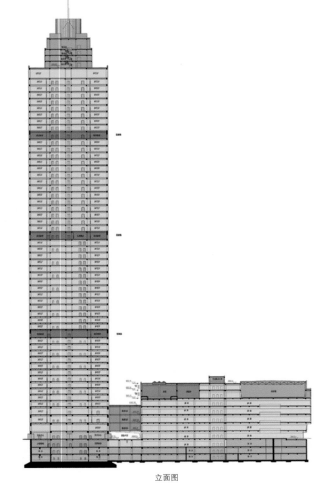

立面图

廊坊万达广场

项目地点：廊坊市
设计单位：北京维拓时代建筑设计有限公司
用地面积：121 300 m²
建筑面积：651 000 m²

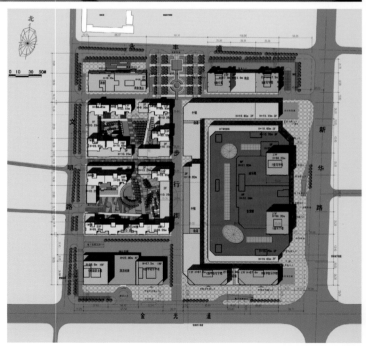

廊坊万达广场位于廊坊金光道以北，永丰道以南，文明路以东，新华路以西。

规划延续商务中心区"一轴"的理念，于用地中部形成南北贯通的步行景观系统。轴线北侧布置7 000 m²绿化休闲广场，构成景观轴线上重要的开放式节点。轴线南部通过穿越金光道的地下通道与用地南侧的"城市客厅"连为一体，两者互为延续。

用地东侧的新华路是城市的主要商业街，廊坊市的大多数重要商业设施均集中在该路上，因此在步行景观轴和新华路之间布置商业综合体，形成联系商业轴与景观轴的纽带。

为了体现城市设计对形象的要求和万达广场的整体性，沿用地北、东、南三个方向均布置高层公共建筑，构成强有力的统一的群体形象。每组公共建筑入口布置4 000~10 000 m²不等的开放式城市广场，与"城市客厅"相呼应。

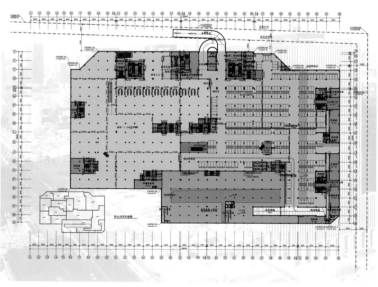

地下一层平面图

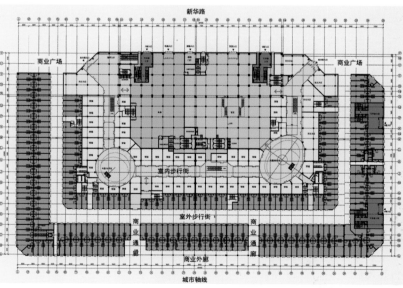

一层平面图

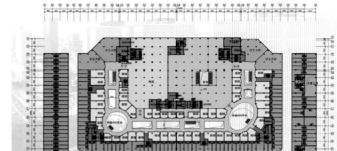

二层平面图

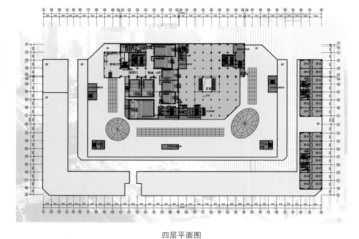

三层平面图

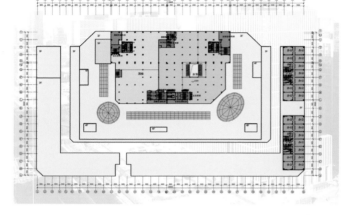

四层平面图

六层平面图

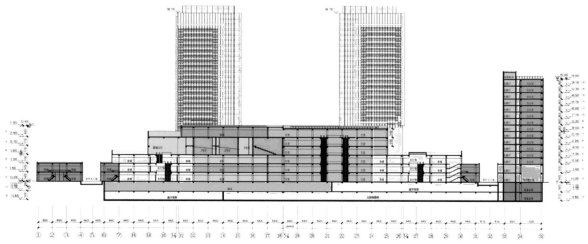

剖面图1

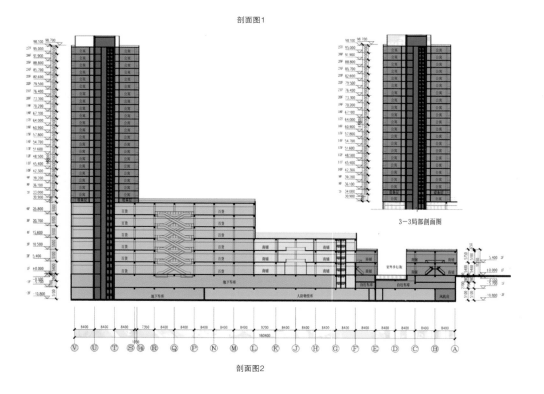

剖面图2

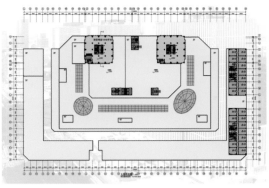

七层平面图

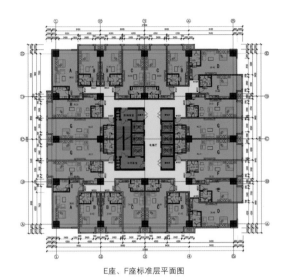

E座、F座标准层平面图

《世界优秀建筑设计机构精选作品集》系列丛书

国内设计机构作品集

《世界优秀建筑设计机构精选作品集》系列丛书是上海颂春文化传播有限公司为国内外优秀建筑设计机构出版建筑设计专辑而策划的选题。本套丛书共100本，其中国外设计机构50本，国内设计机构50本。本套丛书分中文版、英文版两个版本，面向全球发行。

国内设计机构作品集已出版《UA国际建筑设计作品集》、《鼎世国际商业控制手册》、《上海建筑设计研究院作品集》、《迪赛工房作品集》、《拓维十年》等一批优秀建筑设计机构的设计专辑。如果贵院有意在这一展示平台出版专辑，我们将竭诚为您服务。

《世界优秀建筑设计机构精选作品集》编辑室

联系人：曾江福
手机：13564489269
联系人：曾江河
手机：18964326130
座机：021-65878760
邮箱：songchun2010@126.com
Q Q：273778523
地址：上海市杨浦区大连路1548号24B